U0086765

完全圖解！
打造夢想花園

初學者OK！

綠意花園
水泥雜貨設計書

原嶋早苗

歡迎來到庭園水泥雜貨的世界！

像製作甜點一般，將材料及水放進大調理盆中，

攪拌均勻就可開始塑形。或以抹刀塗抹，或直接倒入模型……

嶄新的庭園工藝，誰都能簡單完成！

一起DIY，以水泥雜貨美化自家庭園吧！

你是否曾經在庭園餐廳或主題公園，
望著那些彷彿歐洲古老建築般的壁面，
情不自禁地讚嘆著「好美」？
其實那些都是水泥作成的造型裝飾唷！
只要混合沙子、水泥和水，塗上顏色，
就能創作出類似岩石、磚瓦等各種質感的作品。
在花園裡放置水泥製作的燈飾，
或是小房子擺飾等，
庭園的氣氛立刻會變得不一樣。
今天就開始以水泥進行創作，
打造一座宛如精靈造訪的花園吧！

Sarae Garden

Contents

Part 4

Large

挑戰大型景觀裝置，打造庭園的萬變風情 59

進一步瞭解水泥雜貨 80

關於本書

{尺寸}
水泥雜貨的製作步驟中，會因塗抹的水泥或零件厚度，而使完成品的尺寸稍有不同。雖然作品皆標示著完成品的尺寸大小，但完成品尺寸只是約略的數值，請不要拘泥，「有變化」也是進行水泥創作的樂趣之一。如果作品和預想的不同時，請盡量在製作過程中不斷調整、修改。

{難易度}
以初學者較能輕鬆製作的「撲克牌擺飾」為基準，最簡單的標示為★，最難的則是★★★★★。

{水泥作品的製作時間}
作品標示製作所需時間，但不包含塗抹水泥後需要的乾燥時間。大部分的水泥雜貨在塗抹水泥後，建議放置半天至數天，使其自然乾燥。

{乾燥時間}
・本書的乾燥時間以日本關東南部地區8至9月為基準，如果採取自然乾燥，水泥乾燥的時間會因季節、居住地區的溫度、濕度、日照狀態、時段等而有所變化，請適當調整。
・水泥雜貨作好後，建議放在日光下或室外通風處自然乾燥。底漆或顏料需要快速乾燥時，則可使用吹風機減短乾燥時間。

{材料與工具}
本書示範的作品會估算所需使用的材料分量。然而，讀者實際使用的材料產品如果與本書不同，用量也可能會有所差異。
※本書介紹的材料或工具，一部分會標明商品名稱，但讀者也可改用其他具有相同功能的產品。使用各種材料時，請遵循各廠商的使用說明書。

※1杯=200cc　1大匙=15cc　1小匙=5cc

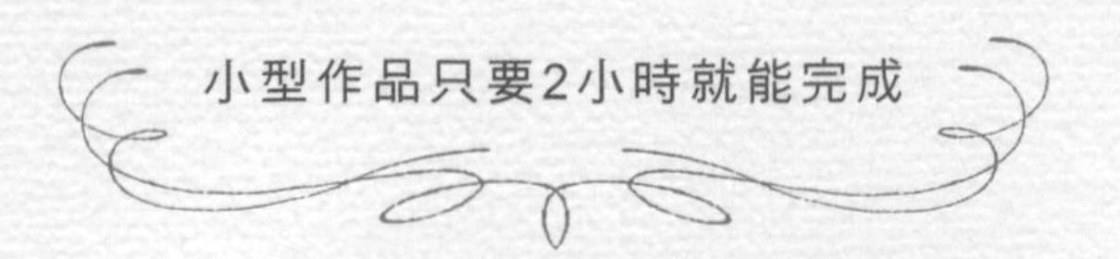

令人流連忘返的庭園！
以水泥打造祕境花園

形狀及色調可以隨心所欲地變化，作品輕巧且容易搬動。
依照場所、植物與背景來構思，更增樂趣！

將鏡子嵌入石板

石板牆面鏡

應用 P.37 石板吊飾

日夜閃爍著幻想微光

精靈燈

製作提要 p.89

以溫暖燈飾美化太陽能庭園燈

復古燈飾

製作方法 p.51

親手打造 令人憧憬的夢想庭園

也許有人一聽到以水泥製作雜貨，就覺得似乎很難，其實一點兒也不！很多人小時候都有玩黏土的開心經驗，而各式各樣的水泥雜貨與裝置創作，就是「玩黏土」的進階版，只要願意，任何人都能動手作，這是水泥的魅力之一。

預備工作非常簡單，只要將專用材料加入適量的水，就像作蛋糕那樣在調理盆裡將所有材料拌勻，就完成準備工作了。基底使用類似保麗龍（Styrofoam）的發泡塑膠材料，很容易進行切割或雕塑花紋，即使是大型作品也不會過於沉重。

一開始先試著創作小物品，慢慢熟悉材質的運用之後，就能嘗試作出牆面等較大型庭園裝置。親手實現各種點子，打造自我風格的花園，這種手作的樂趣真的是難以言喻。想要輕易實現這樣的夢想，「水泥」是再適合不過的材質了。

嬰兒鞋的製作方式請見 p.24，小房子的原型請見 P.72 迷你屋。

歡迎來到我的花園！小巧可愛的迎賓擺飾

刺蝟盆栽
製作方法 p.56
讓刺蝟守護著你的庭園吧！

手工門牌DIY
圖騰掛飾
製作方法 p.34

寫下姓名或喜愛的字句
石板吊飾
製作方法 p.37

以當季花朵作為獻禮

提包形花盆

製作方法 p.54

鑽個小洞就能
變身綠色盆栽

精靈之心

製作方法 p.28

搭配多肉植物及花朵
展現獨特的美麗與個性

多肉盆栽看起來就像甜點！

蛋糕盆栽

應用
P.28
精靈之心

應用
P.40 浮雕花盆

古董風花盆

塑膠花盆也能
變身為質感雜貨！

應用在裝潢上吧！

令人憧憬的壁爐

應用 P.60復古花臺

應用 P.70充滿魅力的老磚牆

牆面裝飾

展現歐洲鄉村風格

開展創作力！
你也能打造
華麗的大型壁面&裝潢

初學者
就從小型飾物
開始DIY吧！

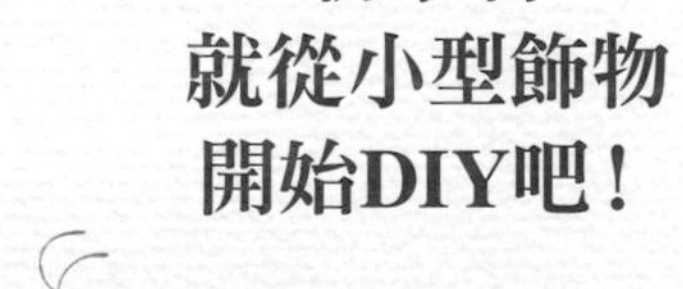

需要多大的作業空間？

如果是小型作品，只要一個人的書桌空間就足夠。遮陽棚下或陽臺角落都是理想的作業場所，即使忽然下雨也不會受影響。

如果想挑戰牆壁等大型作品，空間最好要足夠放置寬九十一公分、長一百八十二公分的基底材料，創作過程會比較不受空間阻礙。基底材料大約是一片榻榻米大小，但重量很輕，能夠徒手搬動。

費用大約多少？

乍看之下可能覺得成本非常高，但小型作品的材料費其實並不多。只要先到量販店或百元商店買齊基本材料和工具，像小擺飾這類的作品材料費並不會太高。也可和幾位朋友一起購買，分攤材料成本。

需要花多長的時間？

一件小擺飾的製作時間，大約至少要兩至三小時，如果加上水泥乾燥的時間，可能要花上半天，甚至好幾天。

乾燥時間會因季節不同而有所變化。建議可在作業較輕鬆、氣候較穩定的春、秋兩季製作。

先從小物品體會一下製作訣竅，製作完成後，東西不太會劣化，能夠長時間地欣賞它。

Part 1

Basic

一起玩手作，
學會基本功

即使是零基礎也不容易失敗！
試著作一些簡單的擺飾，
邊作邊熟悉基本流程與技法。

←撲克牌擺飾，製作方式請見 *p.16*

水泥與其他基本材料

首先要記住水泥的調合方式。以下介紹兩種方法。
可直接選用專用水泥和水調和，也可視不同用途添加砂粒。

直接使用專用水泥

容易入門的專用材料

專用水泥
（業務用25kg）

＋

水

＋

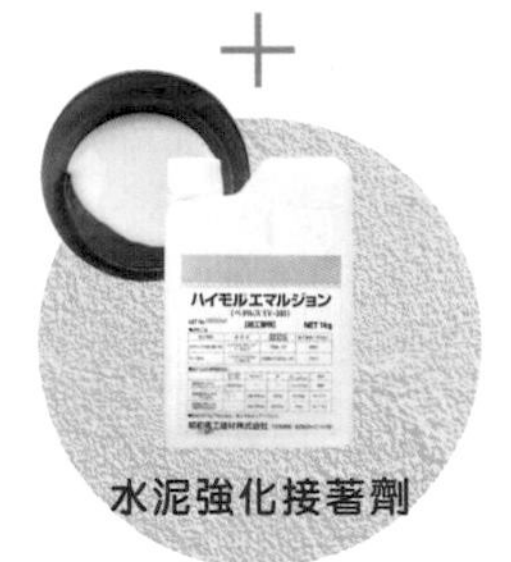

水泥強化接著劑

＝

水泥材料組

專用水泥

專用水泥的成分已經過調整，只要和水攪拌即可使用，是連專家都常用的材料。

如果使用一般的水泥，通常需要將砂粒、水泥與水混合成砂漿，分量比例較難拿捏，很費功夫。如果使用專用水泥，只需要拌水攪勻，就能直接用來進行創作，也就是可**立即開始作業**，相當方便。對初學水泥雜貨創作的人而言，使用這種水泥會更容易入門。

與砂漿相比，專用水泥調合的水泥漿較為細緻，黏度也較高，**可以作出纖細的物品或精緻的花紋**。

它還有一個特點，就是**能夠在一定時間內維持最適合製作的硬度**。初學者製作時，作業時間通常會比正常所需時間久一些，因此這個特點有助於初學者從容地進行創作。

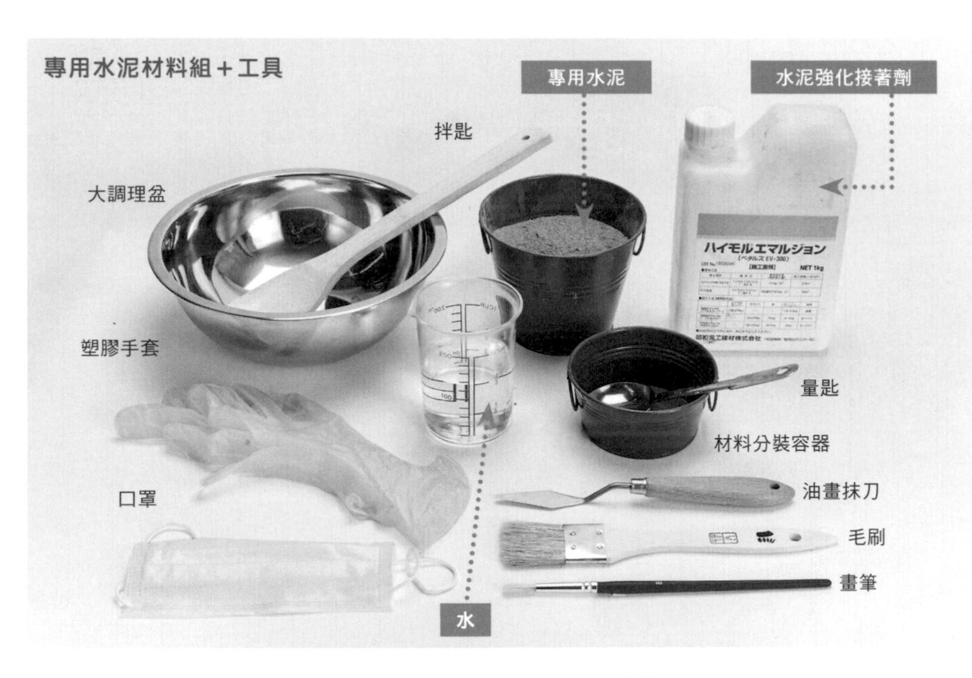

專用水泥
中袋5kg

專用水泥
小袋3kg

專用水泥
業務用25kg

專用水泥

什麼是砂漿？

砂漿是將砂、水泥加水攪拌後形成的建築材料，通常用來收尾、填縫或用於地面、牆面等處。其特點為糊狀易塗抹，除了平面之外，也能塗抹在各種形狀的物品上，靈活度高，可隨心所欲以水泥進行創作。砂漿的應用不受形狀限制，可應用於木材、石料、磚瓦或鐵製品等。

水泥強化接著劑

這是在製作及塗抹水泥時不可或缺的材料。一般稱為「水泥強化劑」，加進水泥材料當中能增加黏度，預防作品龜裂或剝落。本書使用的產品是水泥強化接著劑，另有許多廠商製造並販售各種效果相同的商品。

以砂粒與水泥製作砂漿

試著自己調整成分，挑戰看看！

石英砂

＋

白水泥

＋

水

＋

水泥強化接著劑

＝

水泥材料組

砂粒與水泥的比例

砂粒與水泥以容量二比一的比例攪拌均勻。如果沒有徹底攪拌，會造成強度不均勻，還請特別注意。加水時請慢慢加入，將材料確實拌勻。

「砂漿」的魅力

工藝專用水泥能夠製作出表面平滑的作品，而使用加入砂粒的「砂漿」則能使作品**表面粗糙**，其優點在於可以**營造作品的特殊質感**，如果**想活用砂粒本身的顏色**時，也能夠自然地表現。

但是與專用水泥相比，砂漿的塗抹層厚重時容易崩解，且凝固的時間較短，因此建議熟悉製作步驟之後再使用。

建議使用白水泥

本書調製砂漿時使用白水泥。由於水泥製成的各種雜貨幾乎都會加以上色，因此事先選用白色基底的水泥，乾燥之後便能**立刻上色，並且十分顯色**。

砂粒種類

在市面上有各式各樣混合水泥用的砂粒，製作砂漿的重點在於砂的顆粒要夠細，以下介紹兩種本書推薦的砂粒。

【石英砂】

顆粒非常細緻，玻璃質地，比普通砂粒更加細緻。顏色偏白，和白水泥混合後可作出白色系的砂漿。號數愈大顆粒愈細，建議使用三至八號粗細的石英砂。

【山砂】

這是由山中開採出的火山砂，略帶黃色，保水性及排水性皆佳，也被稱為真砂土。

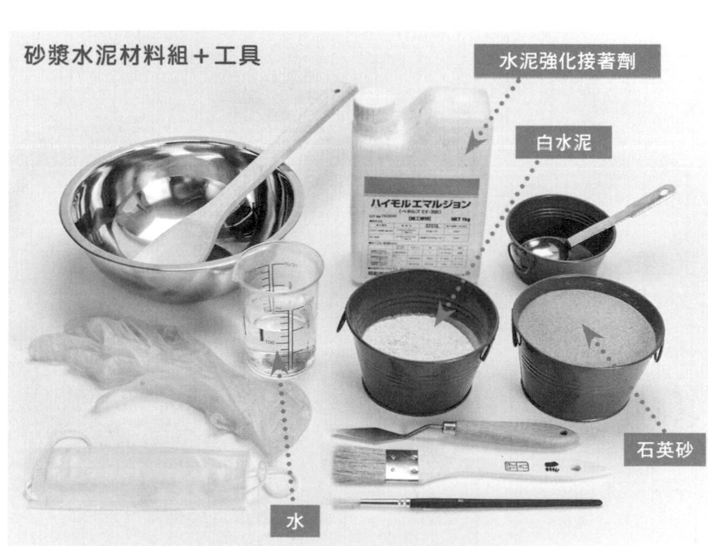

造型基底素材

除了水泥之外，初學者最困惑的事大概就是「還需要哪些材料呢？」
製作基底時，初學者必須準備以下這些材料。

發泡塑料板材「穩熱板」（Styrofoam IB）

若單純以砂漿製作水泥雜貨，完成的作品會十分沉重，因此多半會使用發泡塑料製成的板材來作為基底。這種材料具有高防水性、輕量、加工容易等優勢，非常適合用來製作庭園裝飾物。

本書使用的是穩熱板（Styrofoam IB），市面上也有厚珍珠板、發泡隔熱板等顏色或名稱相異的類似產品。

特點

1 幾乎不吸水

2 輕巧穩固

3 容易加工

4 隔熱效果極好

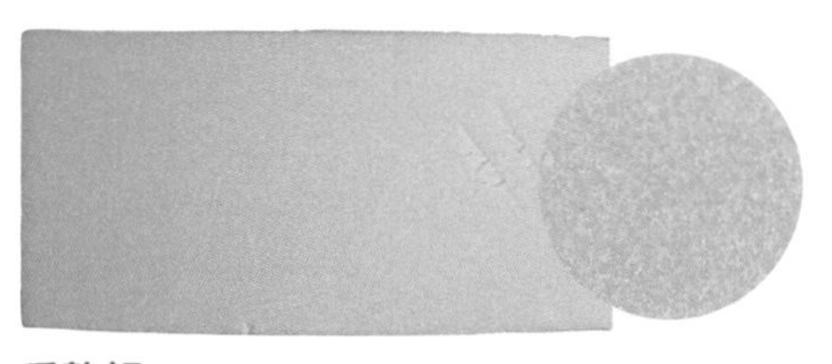

穩熱板

原本是建築用的隔熱材料，可進行細微加工及上色，能打造出各種作品。厚度約2公分。

穩熱板尺寸

全板：910mm×1820mm／半板：約910mm×910mm
厚度：15mm至100mm（較薄的產品可製作小東西或製成模具，較厚的則適合製作立體裝飾物）。

advice

避免使用帶顆粒的保麗龍！

一般常見的保麗龍是聚苯乙烯發泡粒的聚合塊，組成保麗龍的顆粒較大，容易散落造成造型缺角，不適合進行細微的加工。如果製作比較巨大的物品，則可考慮使用。

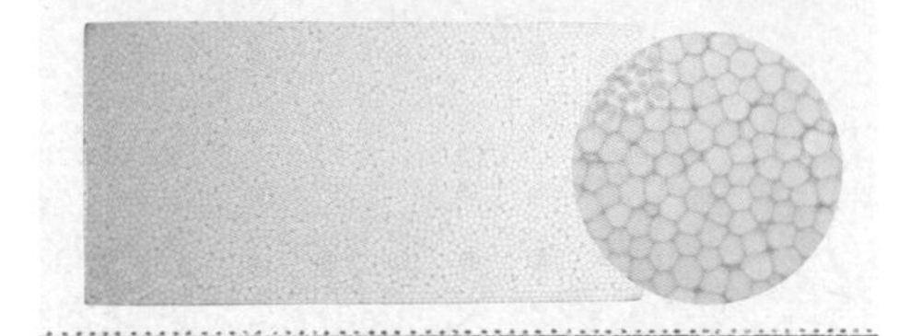

金屬線

建議使用盆栽專用的鋁線，容易彎折、拉伸，也不容易生鏽，對初學者來說較易使用。有棕色、黑色等，顏色非常豐富。
圖中鋁線的直徑分別是1mm、4mm、5mm。1捲鋁線約長70m。

快乾膠

如果要接合金屬，建議使用少量的快乾膠。如果大量塗抹於接合面，會產生大量的白色殘屑，導致無法黏接，還請特別注意。

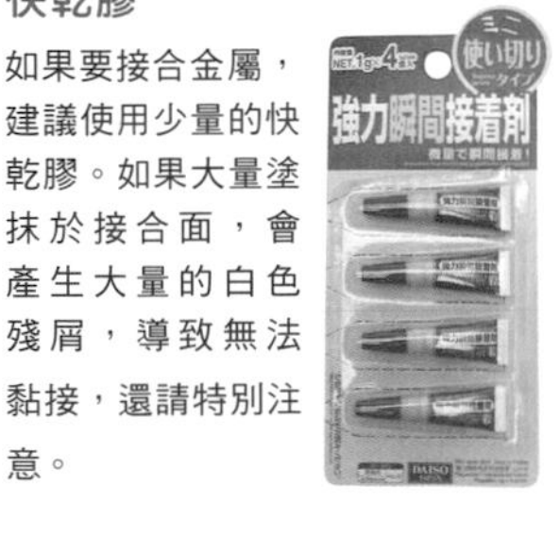

保麗龍專用黏膠

如果要黏接塑料板，必須使用保麗龍專用黏膠。由於一般黏膠的成分含有機溶劑，會溶解塑料板，因此要使用專用黏膠。選購時請仔細確認包裝說明。

不鏽鋼線／細鐵絲

細且堅固，不易生鏽、不易劣化，可用來固定其他種類的金屬線，也可作為裝飾使用。圖中的不鏽鋼線直徑0.55mm×長7m。

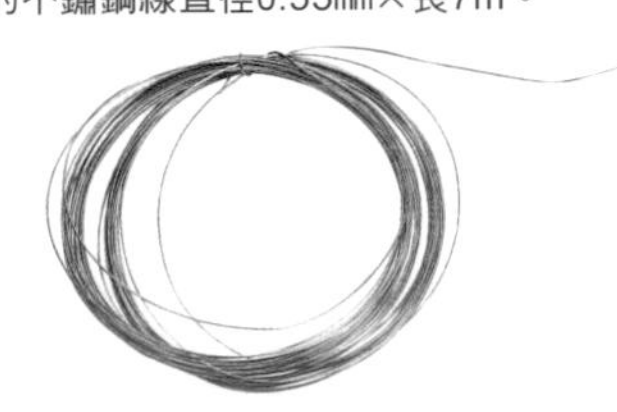

玻璃纖維網

使用於石膏板接合處的膠帶。以市面上的金屬線雜貨作為基底時，可使用這種玻璃纖維網來取代一般的網布，提高基底與水泥的黏合度。
寬35mm×長90m。

有這些就沒問題！讓你順利創作的好用工具

從構圖發想一直到成品創作，
這些過程中都需要很多工具的幫助。

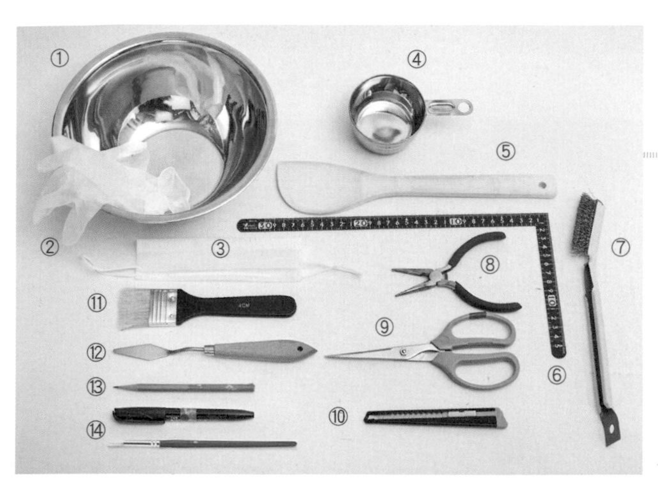

基本工具

鉛筆・油性筆 ⑬
構圖、畫草稿時使用。

畫筆 ⑭
可修飾作品較精細的部分，也可用來塗抹底漆、上色等。

毛刷 ⑪
用來塗抹底漆等。寬約30mm的平刷較方便使用。

油畫抹刀 ⑫
油畫用的抹刀，可以平滑塗抹水泥，也能用來塑造形狀。刀長60mm×寬14mm。

角尺 ⑥
測量尺寸的金屬量尺，切割時方便定位。也可使用一般的角尺。300mm×150mm。

鋼刷 ⑦
為了強化塑料板與水泥的結合度，必須使用鋼刷在塑料板的表面刷出凹凸痕跡。價格因刷子的大小、長度而異。

尖嘴鉗 ⑧
用來彎折金屬線或鐵絲，要鑿穿塑料板時也非常好用。

剪刀 ⑨　**美工刀** ⑩

大調理盆（直徑約23cm） ①
調合砂漿時使用。

塑膠手套 ②
可以保護雙手的薄手套，拋棄式的手套非常方便。

口罩 ③
避免吸入水泥粉塵。

量杯 ④
用來量取水泥。

拌匙 ⑤
用來攪拌水泥。

務必準備的工具

鐵絲鉗
可剪斷金屬線或鐵絲。如果購買較便宜的產品，請留意刀刃的銳利度。

打釘工具
固定螺絲或在金屬零件上開洞。
電鑽…即使女性操作也不費力。
選擇鑽頭較齊全者為佳。
螺絲起子（大、小）…多準備幾種不同的起子頭形狀、尺寸，方便取用。

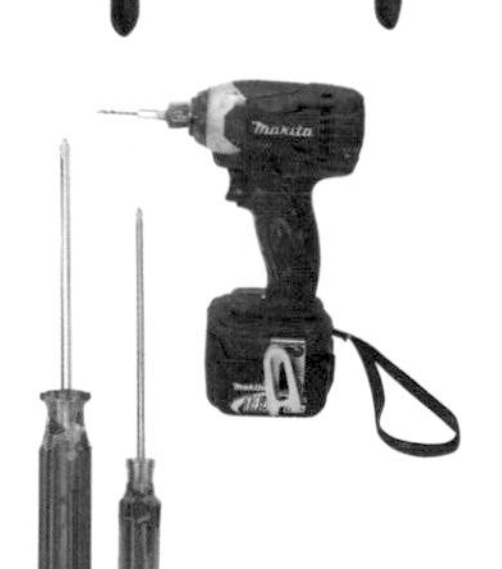

吹風機
想讓底漆等快速乾燥時使用。
電器行就買得到。

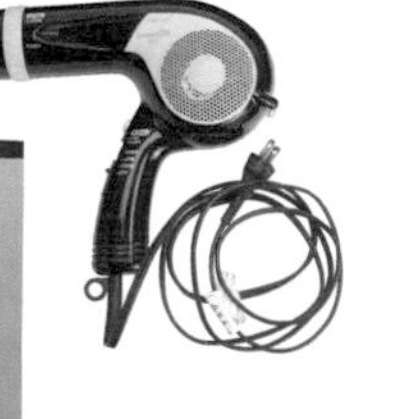

筆刀
適合裁切出纖細造形的筆形美工刀。

方格紙
繪製圖形時使用。選擇1mm方格。可於文具店等處購買。

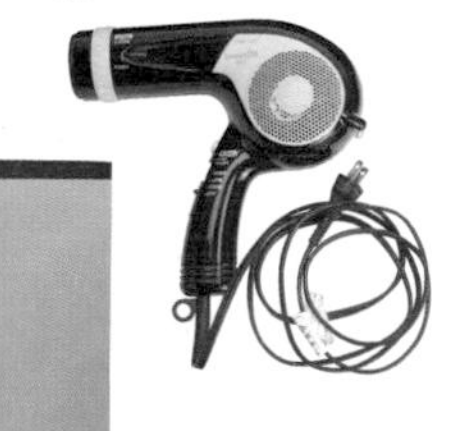

木板（合板等）
作為工作板使用。塗抹水泥、使用美工刀時在木板上進行，能防止環境的髒污或損傷。尺寸比作品大即可。

水泥抹刀
面積較寬的作品塗抹水泥時，要用專用抹刀較方便。刀長105mm。

有黏貼功能的塑膠布
（或一般塑膠布）
塗抹水泥或上色時用來保護環境，避免髒污。這種產品在塑膠布上方附有膠帶，方便黏貼固定（編註：臺灣此類產品慣稱為「遮蔽用養生膠帶」或「遮塵膠布」）。若買不到這類產品，也可使用一般塑膠布。

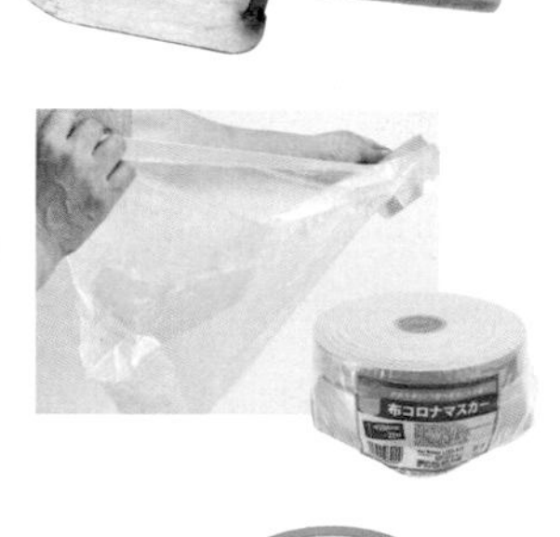

養生膠帶
徒手就能輕鬆撕開，黏性比封箱膠帶弱，容易撕下，大多作為暫時性固定使用（編註：臺灣此類產品慣稱為「手易撕養生膠帶」）。寬約40mm×長6m。

園藝手套
使用鐵絲等物品時，
戴上園藝手套可保護手部。

就從「撲克牌擺飾」開始吧！

藉由撲克牌擺飾的製作，可以學習到基本的水泥雜貨製作方式。
使用專用水泥，作法很簡單。

約略尺寸 16cm×23cm　難易度 ★☆☆☆☆
製作時間 約2小時

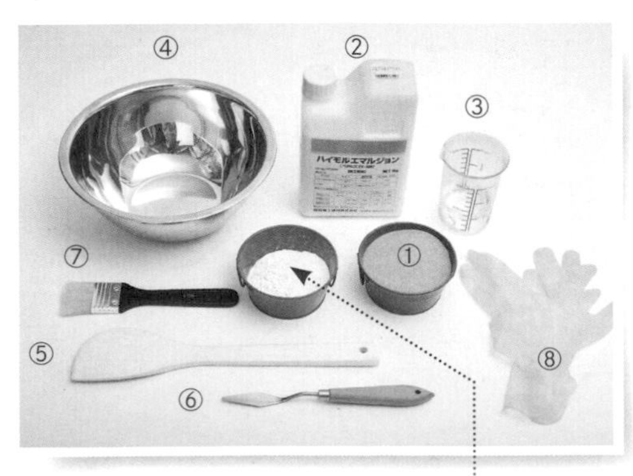

※②放在分裝容器中

工具＆材料

穩熱板 厚度30㎜
寬160㎜×長230㎜以上

角尺

撲克牌圖案 160㎜×230㎜

水泥材料組（P.12）
①專用水泥 ： 1又½杯
②水泥強化接著劑：1又½小匙　底漆用2大匙　③水 ： 75cc

工具＆其他材料　④大調理盆　⑤拌匙　⑥油畫抹刀　⑦毛刷
・鋼刷・工作板・美工刀・油性筆・剪刀
⑧塑膠手套　・塑膠布・繪圖紙（普通紙）

上色材料組（P.22）　**多肉植物組**（P.21）

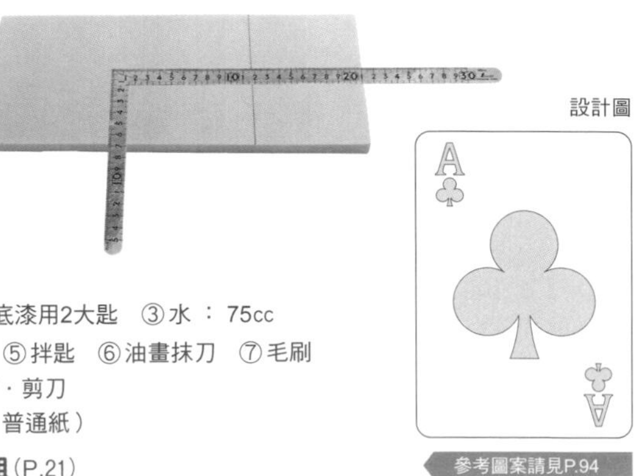

設計圖

參考圖案請見P.94

Step 1

製作基底

1 在穩熱板上畫出160mm×230mm的長方形參考線。

2 鋪好工作板，以美工刀沿著穩熱板上的參考線切下。

這就是撲克牌擺飾的基底。

3 準備實際大小的圖案紙型。次要圖案只要製作一個紙型即可，可直接套用在對角線處。

4 紙型上圖案的部分以美工刀挖空。

5 以油性筆將圖案鏤空處描繪在裁切好的穩熱板上。

畫好草稿的穩熱板。接下來還要繼續雕刻，先畫出大致的輪廓即可。

6 以美工刀刀刃的尖端，往圖案線條內慢慢挖空。挖空的部分深約20mm，是要準備種植多肉植物之處。

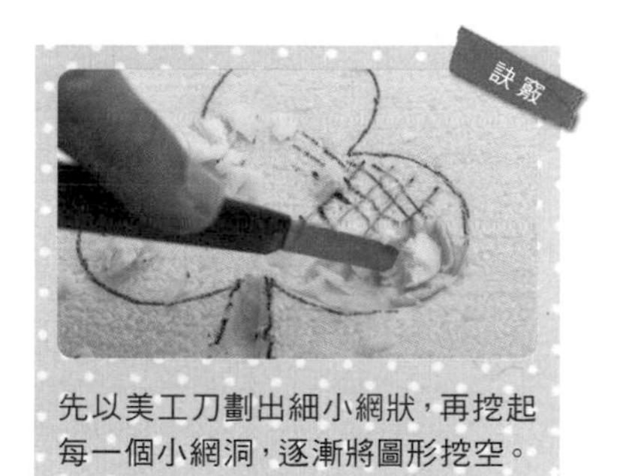

先以美工刀劃出細小網狀，再挖起每一個小網洞，逐漸將圖形挖空。

7 穩熱板厚約30mm，挖出約20mm深度。以美工刀調整圖案的邊緣線條。

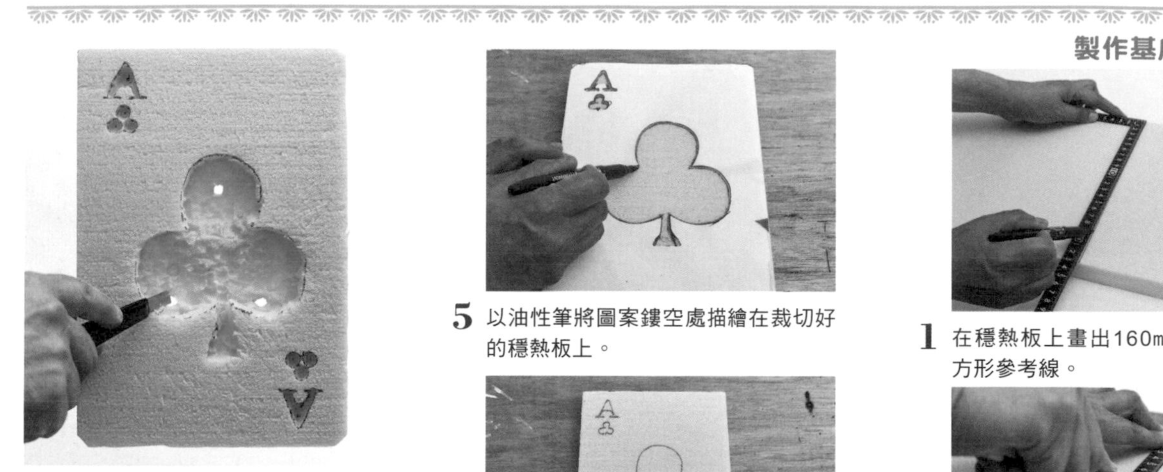

8 以美工刀刀刃前端，如同畫小圓圈般，開出3至4個直徑7至8mm的透水孔，以利種植多肉植物。次要圖案也要記得往下挖空20mm。

9 為了使水泥容易塗抹，以鋼刷刷過穩熱板，使其表面粗糙。

10 以鋼刷刷穩熱板的正、反、側面，完成基底製作。

Step 2

工作板進行防污布置

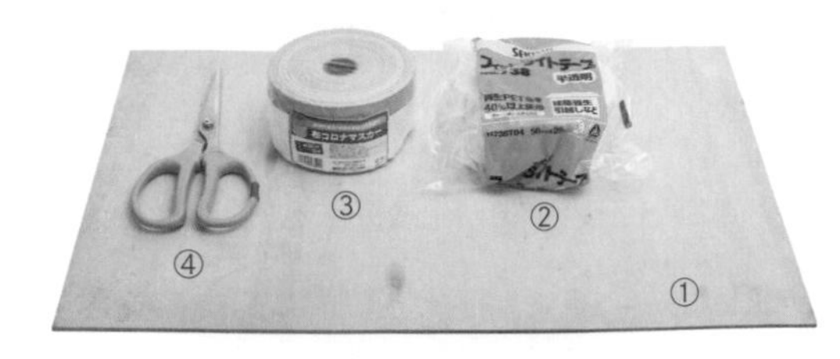

①合板 ②養生膠帶
③塑膠布 ④剪刀

1 貼好塑膠布。可使用本身就有黏貼設計的塑膠布，非常方便。

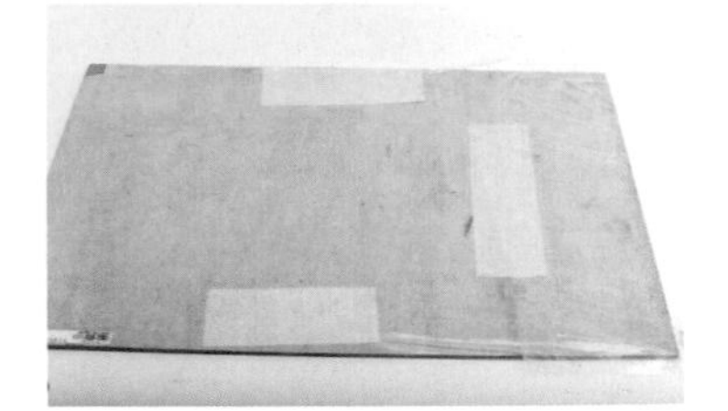

2 工作板正面的塑膠布要鋪平無皺褶，並以養生膠帶在工作板背面仔細固定塑膠布。

3 完成工作板的防污布置。

advice

上水泥之前，先將工作板貼上塑膠布

塗抹水泥、顏料時，塑膠布可防止環境髒污。本書使用的是在塑膠布上進行特殊黏貼加工的產品，貼在工作板之後，工作板便不會沾附水泥，方便事後的整理，這種產品是塗抹水泥或上色時不可或缺的好用物品（編註：臺灣此類產品慣稱為「遮蔽用養生膠帶」或「遮塵膠布」）。

Step 3

準備塗抹水泥

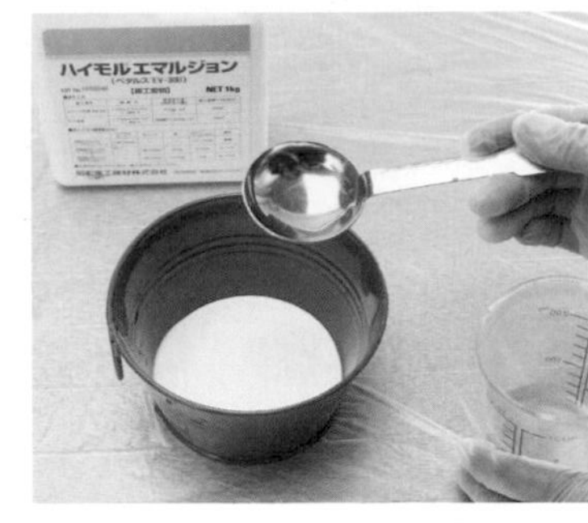

1 將水泥強化接著劑（約2大匙）及水（約1小匙）倒進分裝容器中，拌勻。

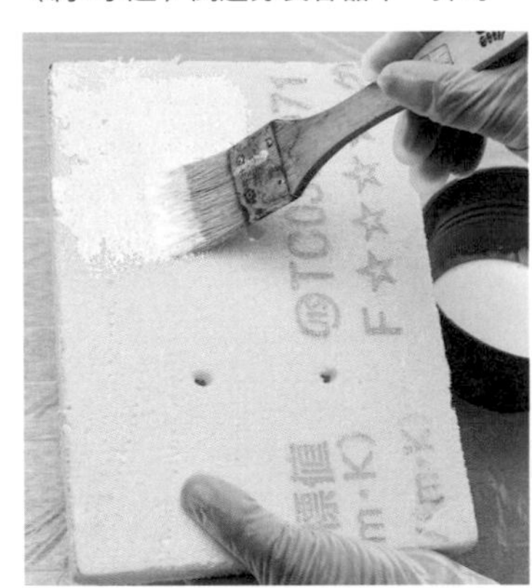

2 以毛刷沾取水泥強化接著劑，塗抹在整個基底上。

3 先塗基底背面，再塗抹側面。

4 塗抹時要避開正面挖空的地方。

5 整個基底都塗上強化接著劑的樣子。

6 水泥強化接著劑約需20分鐘的乾燥時間。如果趕時間可使用吹風機，大概2至3分鐘就會全乾。

advice

以水泥強化接著劑作為底漆

●塗底漆的理由

如果要將水泥塗抹在穩熱板等塑膠品上，請務必以水泥強化接著劑作為底漆，塗抹於整個基底，可提升水泥的附著度。

●以水稀釋的粗估量

2大匙水泥強化接著劑以1小匙水稀釋，塗抹時較易推開。製作其他作品時，也請以這個比例進行稀釋。

Step 4

調合水泥進行塗抹

1 在專用水泥中加入水75cc。

2 以拌匙將**1**的材料攪拌均勻。

3 加入1又½小匙的水泥強化接著劑。

4 徹底攪拌約3至4分鐘，直至所有材料呈現團狀，拿起拌匙時水泥不會滴落，硬度大約與耳垂差不多。

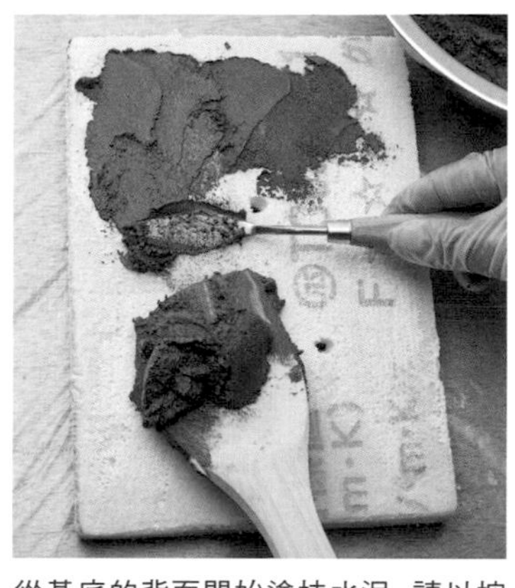

5 從基底的背面開始塗抹水泥，請以按壓的方式塗抹，避免空氣跑進水泥中。

6 背面塗好水泥的樣子。注意！透水孔要避免水泥堵塞。

塗抹的水泥厚度約2mm。

7 將**6**背面塗好水泥的基底翻過來，輕輕放在Step 2準備的工作板上。

8 塗抹正面時，也要以按壓的方式塗抹，避免空氣跑進水泥中。

9 塗抹正面時也順便塗抹側面。也可塗完正面再塗側面。

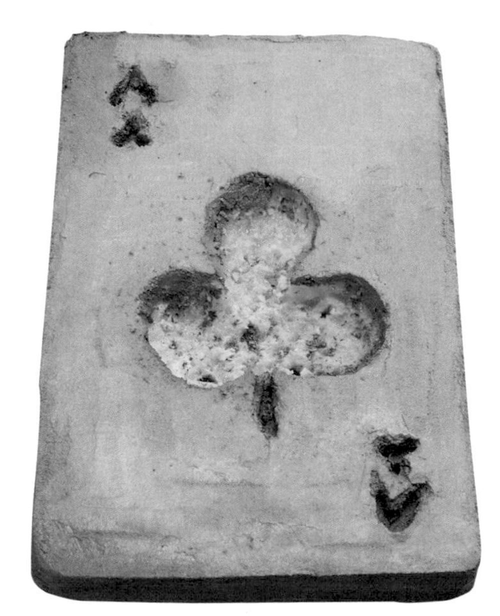

10 整個基底都塗上水泥之後，放在明亮的場所乾燥，乾燥時間約需半天（挖空處不塗水泥）。

上色

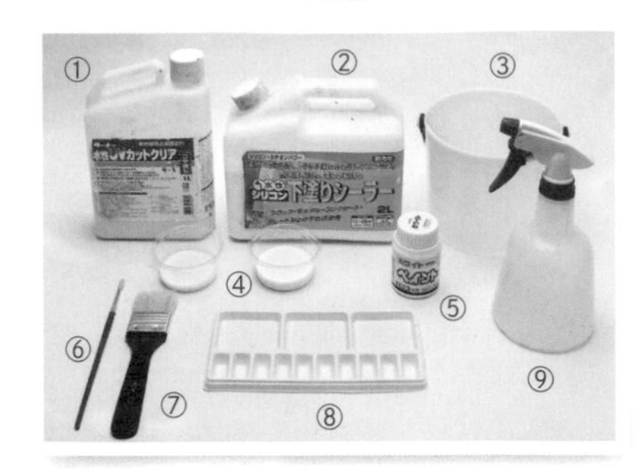

上色材料組
①保護漆 ②底漆塗料
③水桶 ④分裝容器
⑤水性壓克力顏料（白色）
⑥畫筆 ⑦毛刷 ⑧調色盤 ⑨水

1 以毛刷將底漆塗料塗抹於作品上有水泥的部分。

2 塗好底漆塗料後待乾。自然風乾約需10至15分鐘，若使用吹風機則約為2分鐘。

3 塗抹白色顏料。上色順序為：背面→側面→正面。

4 顏料乾燥後，塗上保護漆（可抗UV，參見P.82），待乾。由於這是要放在戶外欣賞的擺飾，因此上色後請務必塗一層保護漆，可防止日曬變色，延長作品的欣賞期。

※參見P.22「基本上色技法」。

如果使用石英砂&白水泥

如果使用石英砂和白水泥調合的砂漿來塗抹基底，塗抹水泥的方式不變，但不必另行上色。使用白水泥來創作時，作品本身就會呈現白色。

調合水泥的方法

與前一頁Step 4的步驟1至4不同！

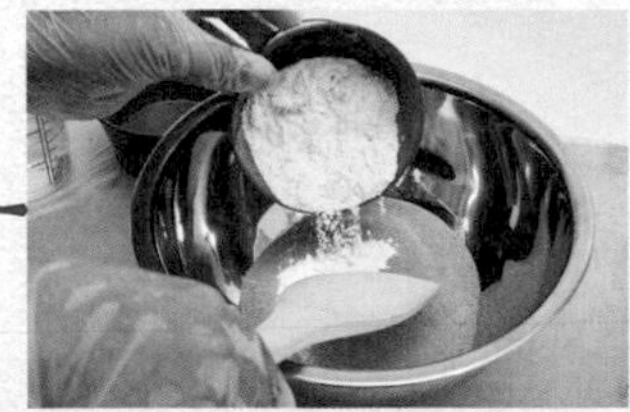

a 將石英砂與白水泥倒入大調理盆中，徹底攪拌均勻。

b 倒入水泥強化接著劑。

c 一邊攪拌，一邊加水。

d 持續攪拌約3分鐘。

e 攪拌至軟硬度近似耳垂時即完成。

※ 將**e**調好的水泥，塗抹於P.17至P.18準備好的基底上。塗抹方式與前一頁Step 4的步驟5至10相同。

Step 6

種植裝飾用的多肉植物

多肉植物組

- 擬石蓮花或景天等自己喜愛的多肉植物
- 鑷子以及湯匙（放泥土用）

多肉植物專用土

種植後的管理

種下多肉植物之後，在其可存活（生根）前，大約一星期之內不要將擺飾直立起來。請平放在通風良好的半日照處，如果植物略顯乾燥，就以噴霧器噴濕泥土。

1 Step 5完全乾燥的水泥擺飾。

2 將多肉植物專用土放進挖空處，約填至2/3滿。

3 種植多肉植物。以圖案的中心為布置重點，使用鑷子輔助種植。

4 一邊觀察植物的形狀，一邊沿著圖案以鑷子將多肉植物栽植於泥土中。

訣竅

為了使小圖案裡的植物也能確實生根，可使用較易分株的景天等多肉植物。

完成

這樣就學會以水泥製作雜貨的基本功了。Let's try！

小巧可愛！

嬰兒鞋

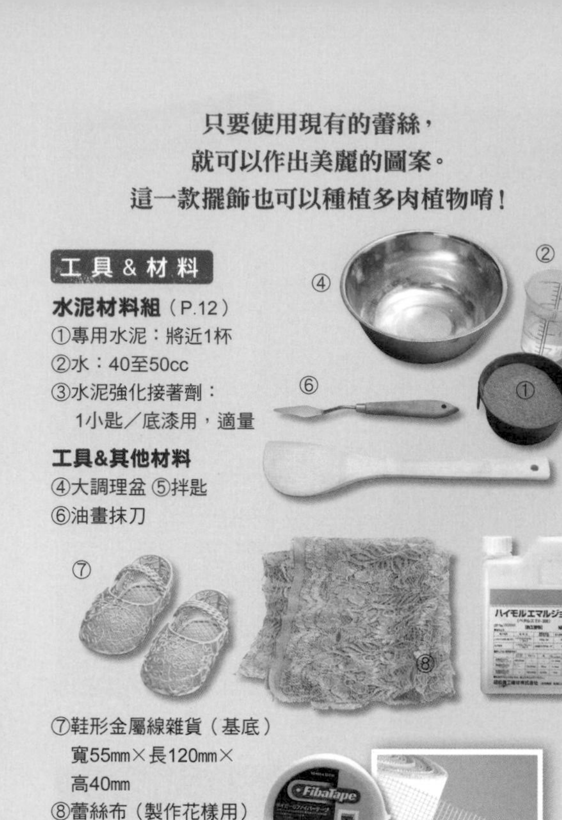

只要使用現有的蕾絲，
就可以作出美麗的圖案。
這一款擺飾也可以種植多肉植物唷！

工具&材料

水泥材料組（P.12）
①專用水泥：將近1杯
②水：40至50cc
③水泥強化接著劑：
1小匙／底漆用，適量

工具&其他材料
④大調理盆 ⑤拌匙
⑥油畫抹刀

⑦鞋形金屬線雜貨（基底）
寬55mm×長120mm×
高40mm
⑧蕾絲布（製作花樣用）
⑨玻璃纖維網

上色材料組（P.22）

約略尺寸 5.5cm×12cm 難易度 ★☆☆☆☆
製作時間 約2小時

Step 1

塗水泥前的準備

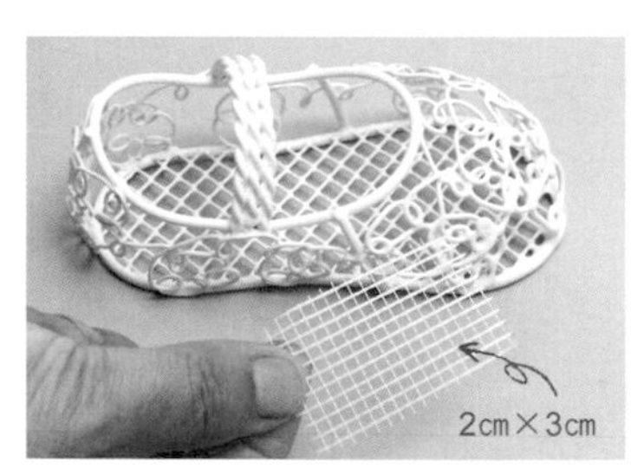

1 準備好作為基底的鞋形金屬線雜貨，將玻璃纖維網裁剪為容易貼附的大小。

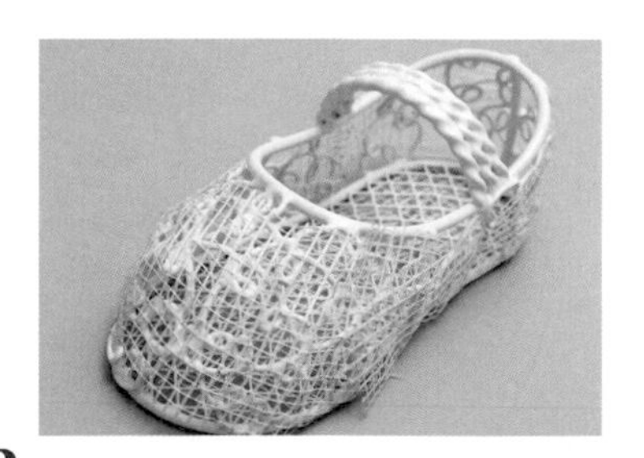

2 為了使水泥容易塗抹，將玻璃纖維網貼遍鞋子外側。

advice

如果沒有鞋形金屬線雜貨或蕾絲布該怎麼辦？

如果無法取得鞋形的金屬線雜貨，就試著以鳥籠或椅子形狀的金屬線雜貨來作吧！市面上有非常多時髦而價格平易近人的金屬線雜貨。打造圖案除了完整的蕾絲布，也可以使用手工藝品店的碎布蕾絲、家裡的布料杯墊、蕾絲緞帶等，只要表面有凹凸感、能夠平貼於水泥表面就可以了。請活用生活周遭的物品吧！

Step 2

調合水泥

1 將專用水泥、水、水泥強化接著劑倒入大調理盆中，以拌匙攪拌均勻。

2 徹底攪拌約3至4分鐘，直至所有材料呈現團狀，拿起拌匙時水泥不會滴落，硬度大約與耳垂差不多。

Step 3

4 為了盡快完成花紋轉印，可以抓著收在鞋底的蕾絲布，以吹風機吹5至6分鐘。

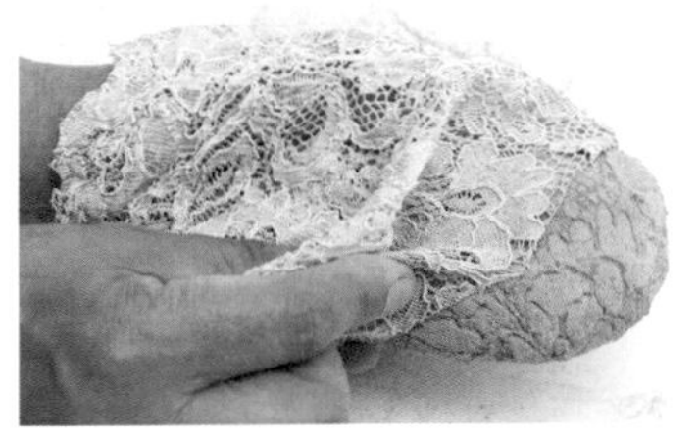

5 確認水泥的乾燥狀態與蕾絲圖案的轉印效果。圖案要確實轉印到水泥上。

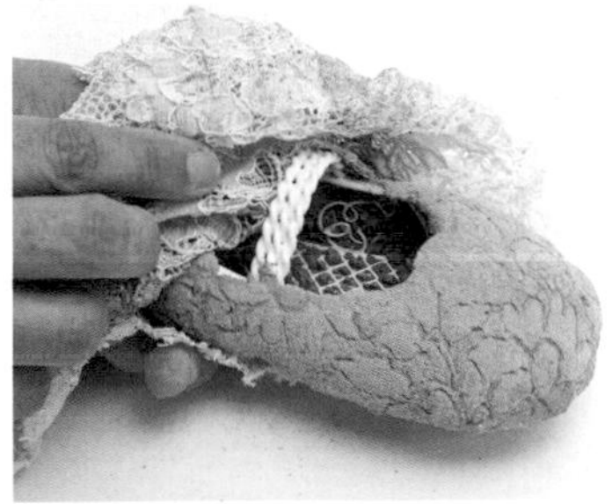

6 水泥變乾、泛白，蕾絲圖案也轉印完成，就把蕾絲布剝下。

靜置，並持續乾燥半天至一天。

增添花樣

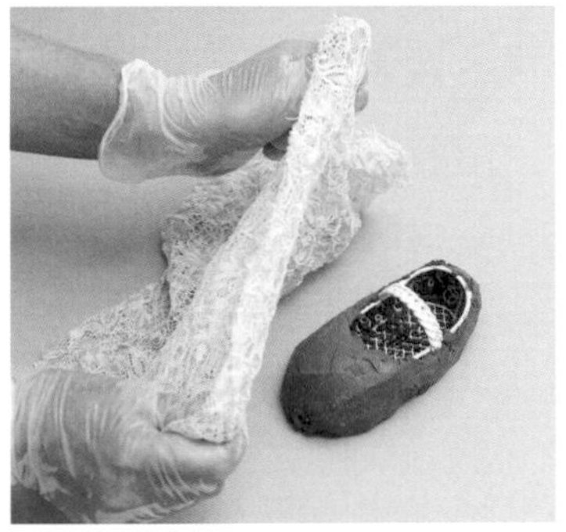

1 將蕾絲布打濕後，蓋在塗好水泥的鞋子上。

2 將蕾絲布置中蓋在鞋子上。

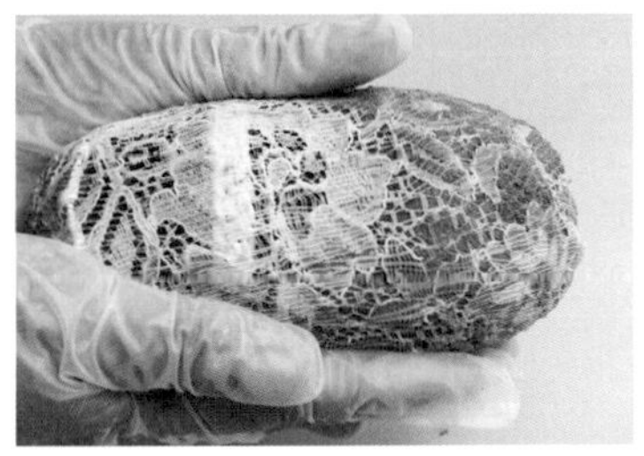

3 為了使蕾絲圖案可轉印至水泥上，要用力包緊。

訣竅

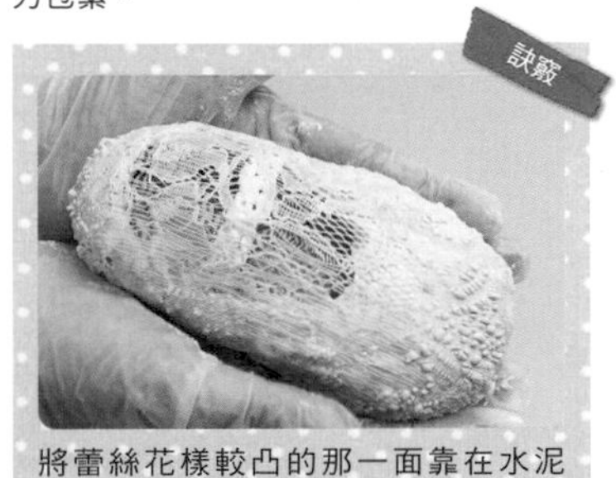

將蕾絲花樣較凸的那一面靠在水泥上，花紋會比較清晰。

塗抹水泥

3 分次以油畫抹刀取少量的水泥，將水泥按壓塗抹到基底上。

4 鞋底稍微塗薄一些，大約抹上厚2㎜的水泥。

5 鞋面的水泥約厚3㎜，塗抹時要按壓，避免空氣跑進水泥中。

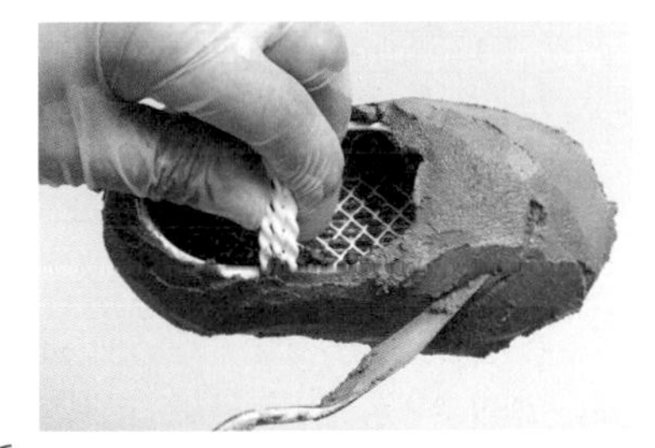

6 整體塗上水泥後，一邊想像完成的樣貌，一邊調整整體的形狀。

水泥未乾時就要繼續進行Step 3。

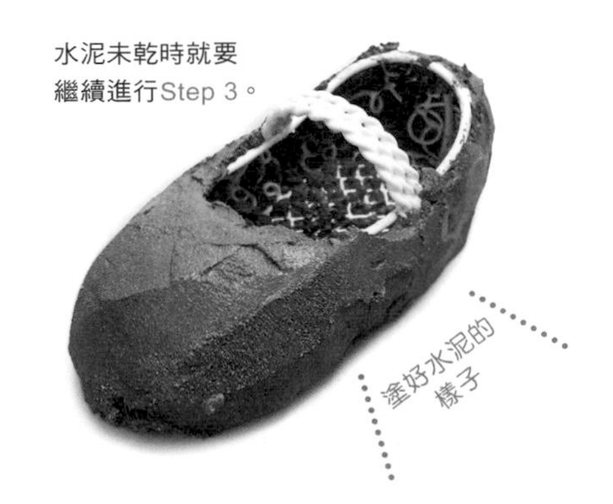

上色

材料組

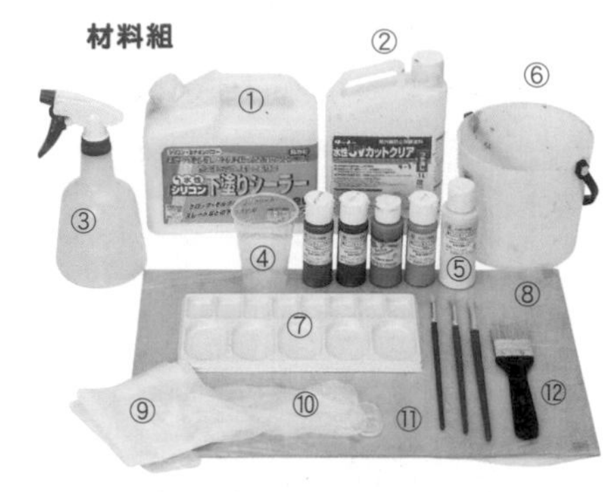

①底漆塗料＋分裝容器（紙杯等）
②保護漆＋分裝容器
③噴霧罐 ④水
⑤水性壓力克顏料（白＋喜愛的顏色）
⑥水桶（洗筆用） ⑦調色盤 ⑧工作板
⑨破布 ⑩塑膠手套 ⑪畫筆 ⑫毛刷

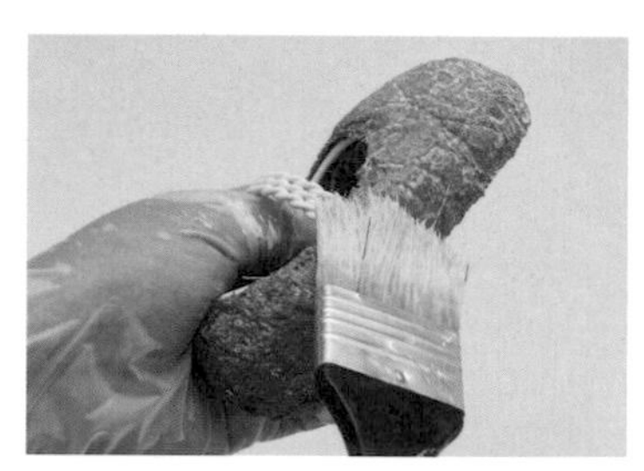

1 以毛刷將底漆塗料塗抹於作品上有水泥的部分，以吹風機烘乾1至2分鐘。

2 確認想塗抹在小鞋上的顏色，取顏料擠在調色盤上。

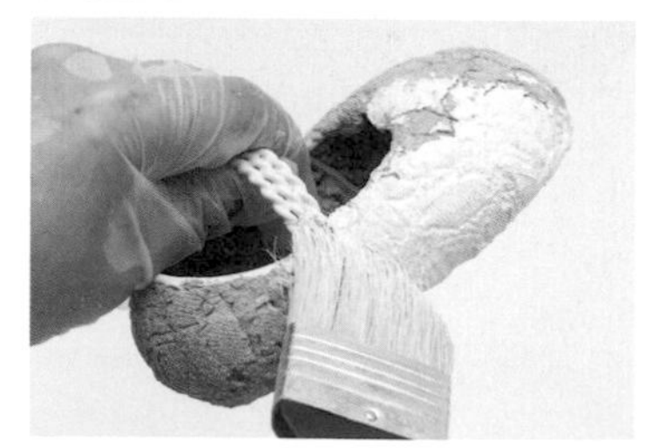

3 塗抹白色顏料。

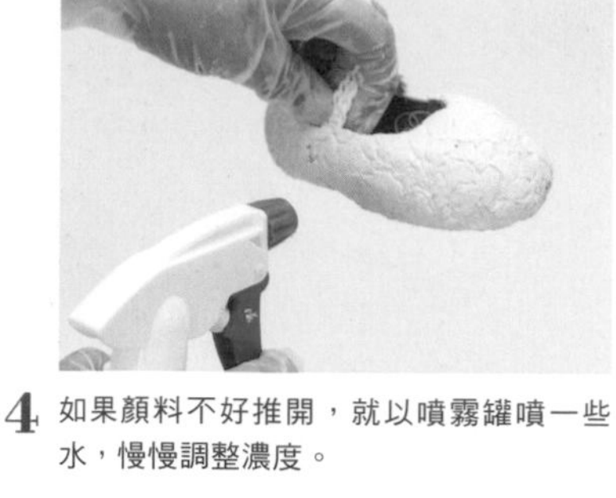

4 如果顏料不好推開，就以噴霧罐噴一些水，慢慢調整濃度。

5 將2至3種喜愛的顏料加水調整濃度，調出深淺不同的顏色。

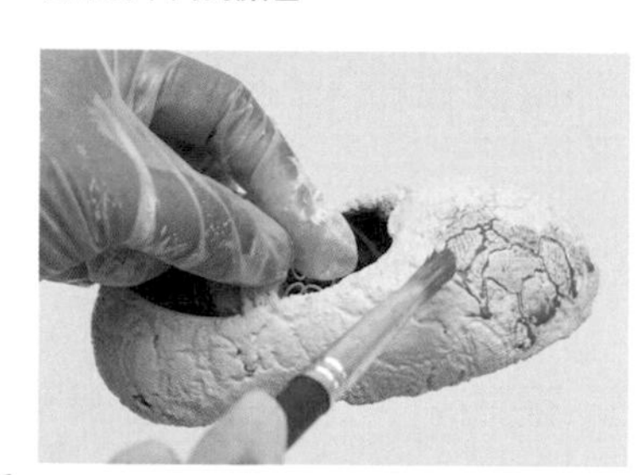

6 以畫筆慢慢上色。每一筆都不要大面積地塗抹，而且為了有深淺變化，有些地方可以重複塗抹。

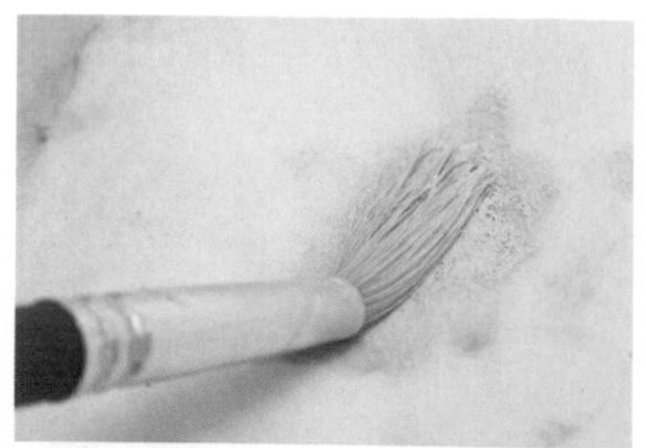
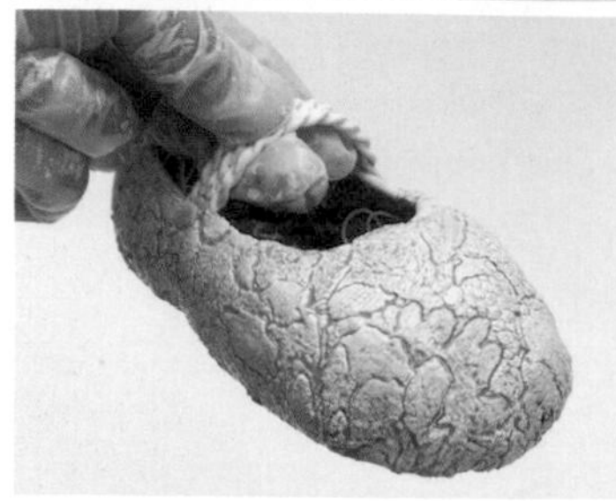

7 以破布擦拭畫筆上的水分，再以畫筆沾取白色顏料，在作品上營造亮面。

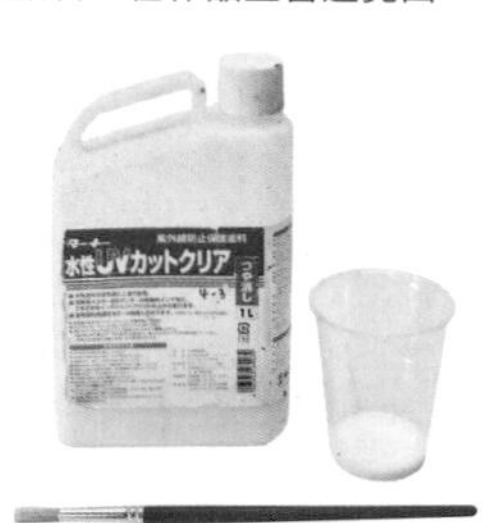
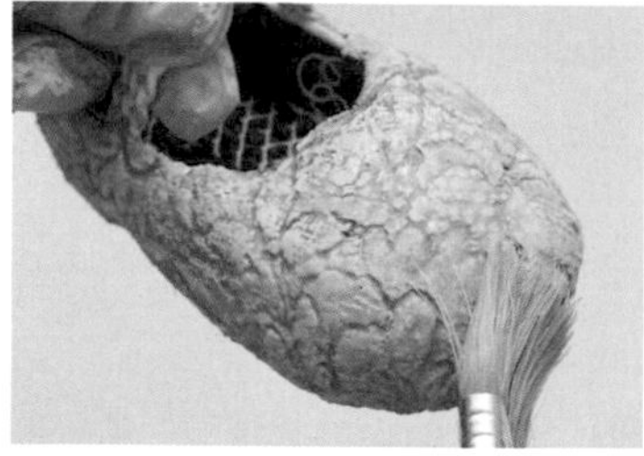

8 顏料乾燥後，為了預防室外日曬變色，在作品上薄薄地塗抹一層保護漆。

完成

不論是純粹當作擺飾，或用來種植多肉植物，都非常可愛。

\好簡單！/
以剩餘的水泥就能作出可愛的擺飾

創作後，如果水泥過剩，
也可以使用現有的模型，
輕鬆製作出有趣的擺飾。
試著玩玩看唷！

將調好的水泥用力壓進去

手工皂模型

飯糰或餅乾甜點的模型

〔 **製作方式** 〕將水泥以抹刀填進甜點用的模型中，注意要按壓，避免空氣跑進水泥。乾燥後脫模就完成了！

※如果不是使用剩下的水泥，大概準備專用水泥一杯、水40至50cc、水泥強化接著劑½小匙，拌勻後入模即可。

可愛又輕巧的心形水泥擺飾，
可以當作種植多肉植物的盆器。
不同的基底形狀，就有不同的可能，
一起享受打造自由形狀的樂趣！

精靈之心

工具＆材料

穩熱板
厚度50㎜ 長250㎜×寬160㎜以上

鋁線 粗3㎜×
長約170㎜

蕾絲布
（製作花樣用）
約400㎜×300㎜

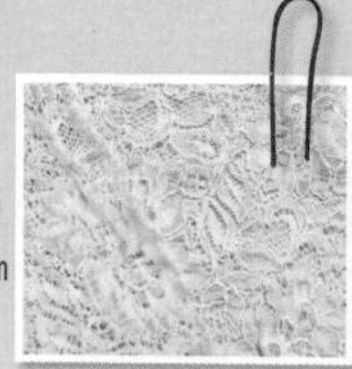

水泥材料組（P.12）
・專用水泥：1又½杯・水：75cc
・水泥強化接著劑：1又½小匙／底漆用，適量

工具&其他材料
・大調理盆・拌匙・油畫抹刀・鋼刷
・尖嘴鉗・保麗龍專用黏膠
・美工刀・油性筆・砂紙・鐵絲鉗

上色材料組（P.22）・底漆塗料・水性壓克力顏料
・水・畫筆・調色盤・保護漆

多肉植物組（P.21）・植物・泥土・鑷子・湯匙

約略尺寸 25㎝×14㎝ 難易度 ★☆☆☆☆
製作時間 2至3小時

Step 1

製作基底

1 以油性筆在穩熱板上描繪心形。

2 以美工刀沿著**1**的心形輪廓線割下。

3 將**2**的心形選定一面作為正面，並以砂紙打磨出較平滑的線條。

4 心形中央以尖嘴鉗挖出一個圓洞，並在圓洞中央開個透水孔。以鋼刷將表面刷得粗糙一些。

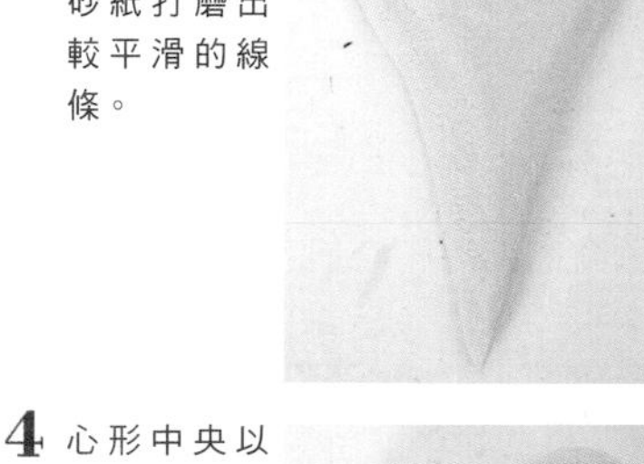

加上鋁線作為掛鉤

5 為了使鋁線容易插進穩熱板中，以鐵絲鉗將鋁線前端剪成斜口。

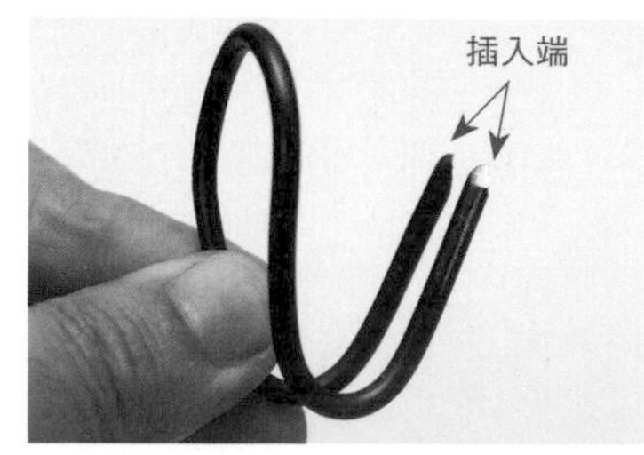

6 如圖示彎折鋁線，作出可用來吊掛的圈圈，使其成為可吊掛的掛鉤。

7 將擺飾翻到背面，確定掛鉤的位置，輕插鋁線，使其留下插孔。

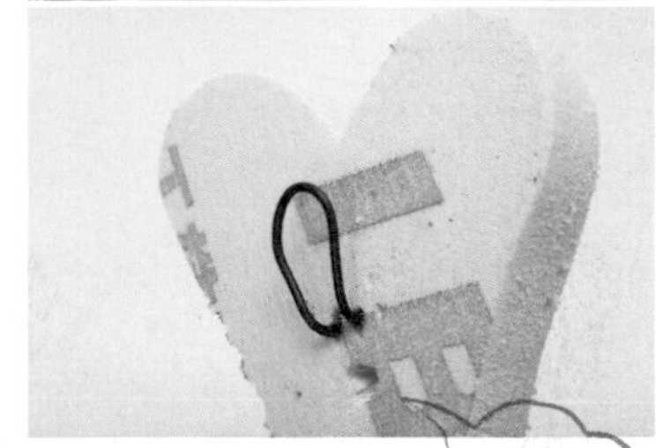

8 拿出鋁線，將剛才插入的部分沾上保麗龍專用膠後，再次插進剛才留下的插孔中。

趁黏膠還沒乾時盡快完成！

Step 2

塗抹水泥

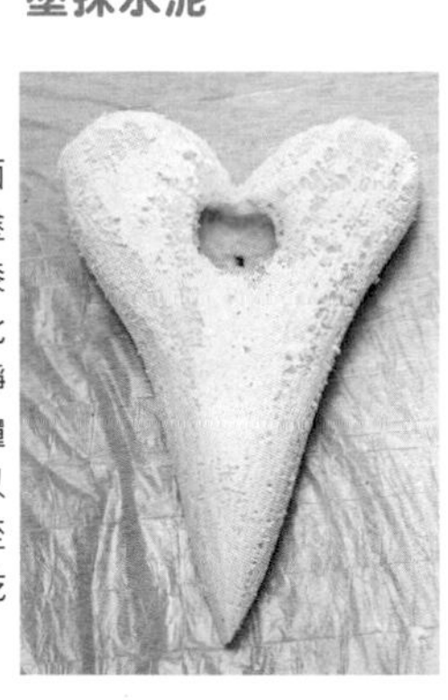

1 在心形的正面與側面上，塗抹作為底漆的水泥強化接著劑，靜置約20分鐘待乾。也可以吹風機吹3至4分鐘快速乾燥。

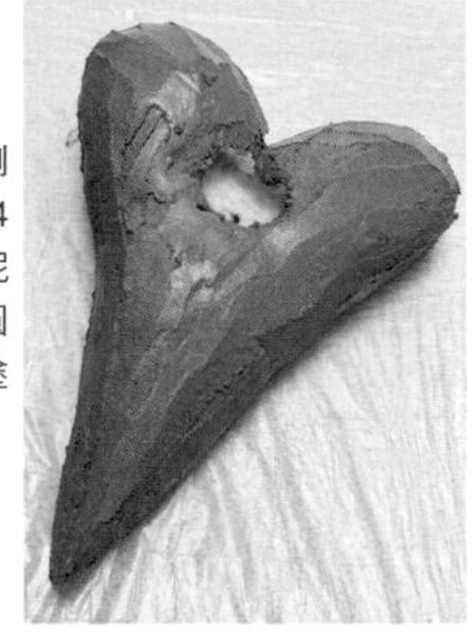

2 在正面與側面塗抹厚約4至5mm的水泥（植栽用的圓洞及背面不塗水泥）。

轉印蕾絲圖案

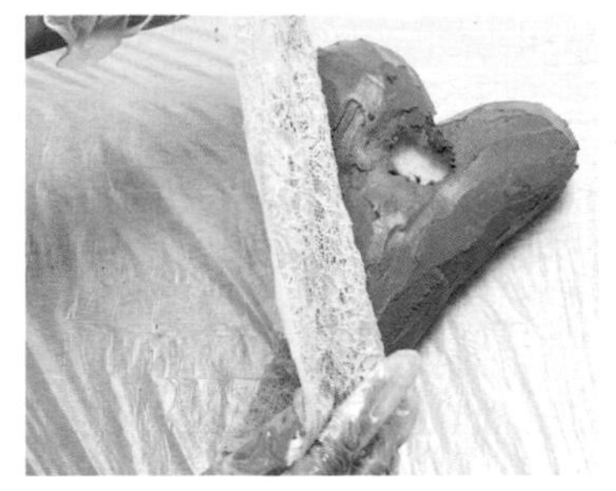

3 將蕾絲布打濕，擰乾後置中蓋上心形正面。

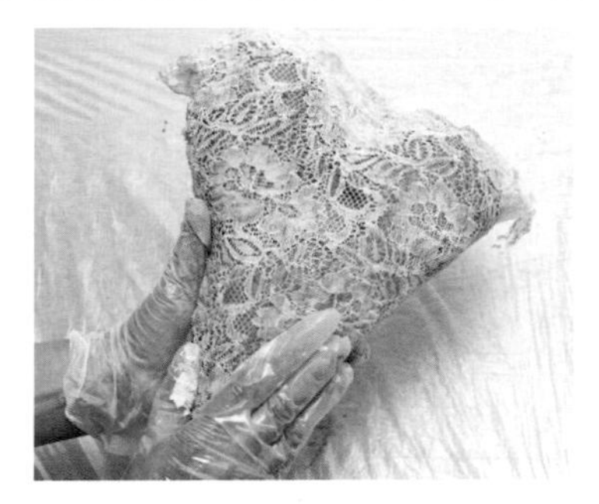

為了使花樣轉印上去，要將蕾絲布緊壓在心形的正面及側面，靜置約1小時待乾。

4 水泥乾燥後，撕下蕾絲布，再靜置半天以上待全乾。

Step 3

上色

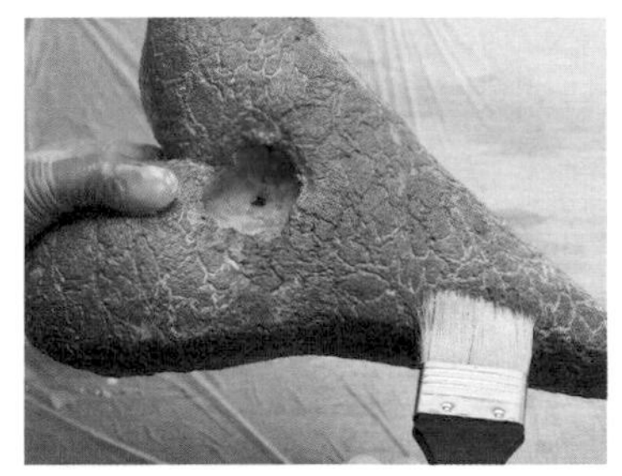

1 將底漆塗料塗抹在乾燥的水泥上，靜置約20分鐘，待乾。

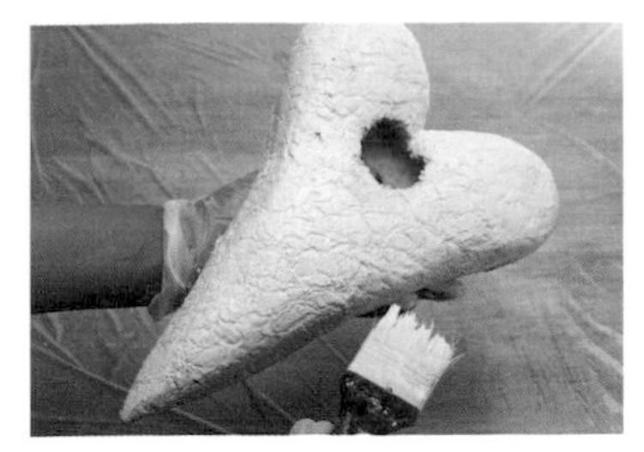

2 以白色顏料塗抹覆蓋著水泥的部分。

3 依喜好選色，完成上色動作（參見P.22）。

Step 4

種植多肉植物

將多肉植物專用土填進種植洞中，種下自己喜愛的多肉。如果想掛在牆上，請先平放一週左右，使植物生根後再吊掛。

踏腳石

踏腳石是庭園設計中的必備品！
可活用石英砂的天然色澤，
也可直接使用專用水泥，
隨意塗上自己喜愛的顏色。

工具&材料

穩熱板
厚度30mm 長250mm×寬250mm×2片

方格紙（普通紙張也可以）

金屬網架

水泥材料組（P.13）
- 石英砂4杯・白水泥2杯・水200cc
- 水泥強化接著劑：1大匙／底漆用，適量

工具&其他材料
- 圓規
- 大調理盆・拌匙・油畫抹刀
- 美工刀・筆刀
- 鐵絲鉗・油性筆・養生膠帶

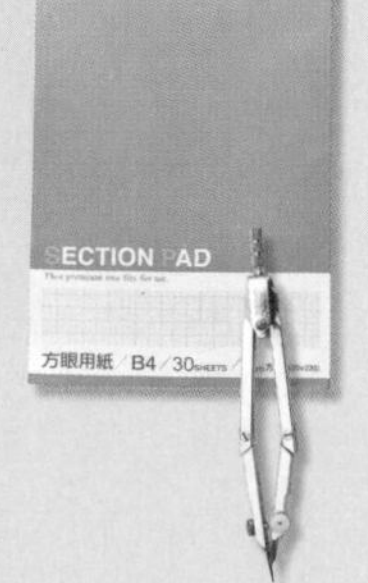

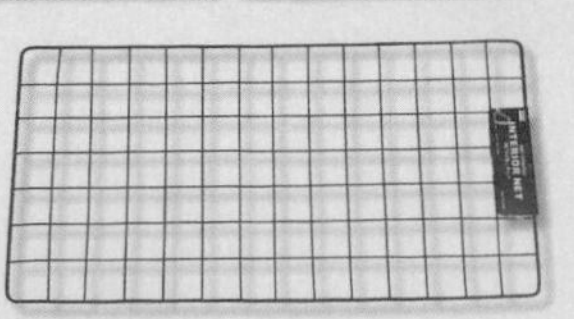

成品示意圖

文字線稿參見P.94

約略尺寸 19cm×19cm 難易度 ★★☆☆☆
製作時間 約3小時

構思圖案．製作紙型

依右頁的「成品示意圖」製成紙型。使用方格紙或一般紙，由外而內，將圖案製成三組紙型，比較方便進行後續作業。

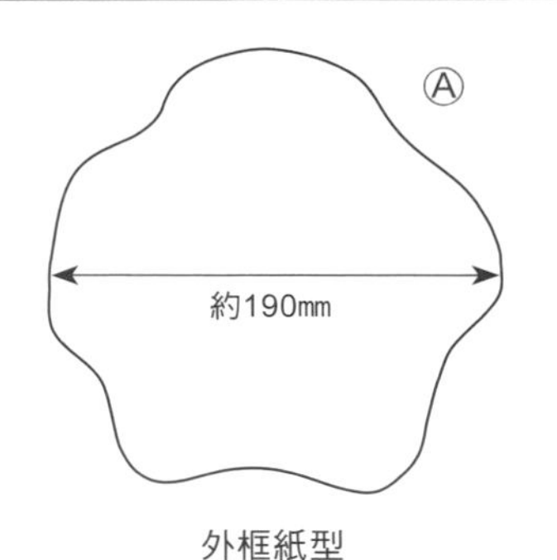

外框紙型

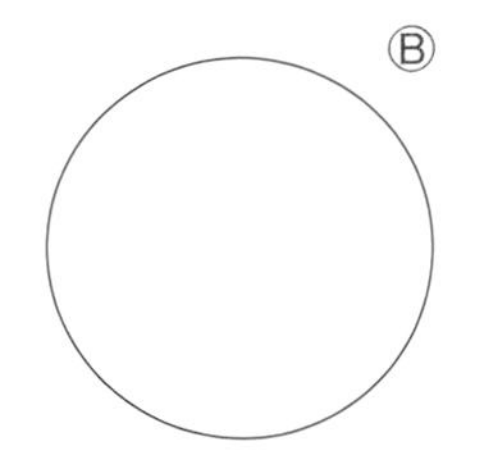

大圓紙型
半徑70mm的圓形

小圓紙型
在半徑60mm的圓形中
畫上字母等裝飾性文字

Step 1

切割穩熱板

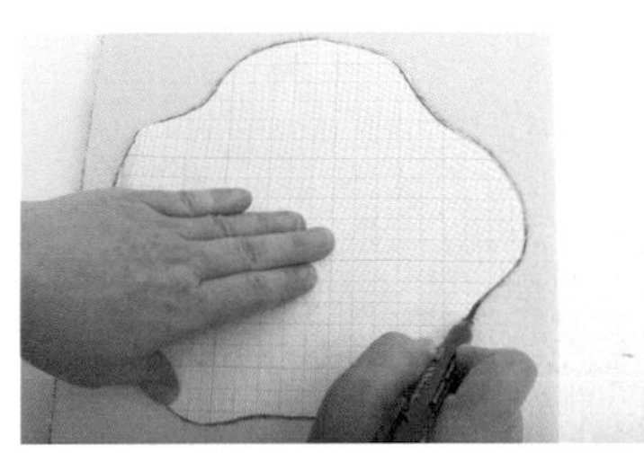

1 將外框紙型Ⓐ放在穩熱板正中央，以油性筆沿著紙型描出輪廓線。

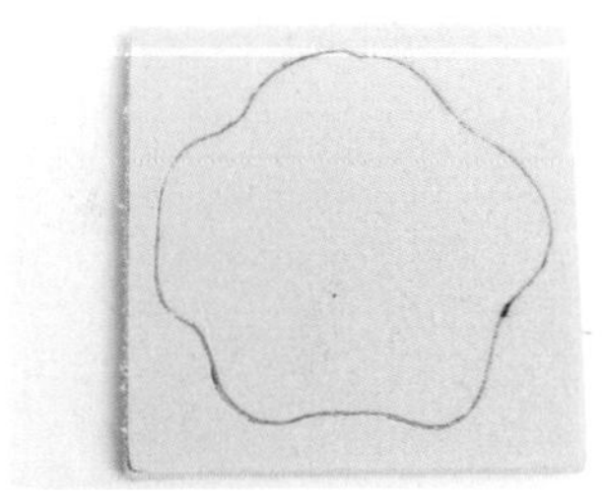

2 畫好輪廓線的樣子。
※只在一片穩熱板上描外框圖形。

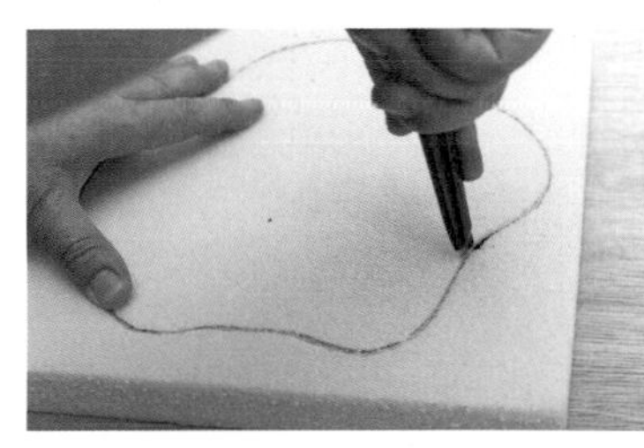

3 沿著**2**畫好的線進行切割。

4 一片穩熱板割出形狀，另一片預備當底座用。

製作紙型Ⓑ&Ⓒ

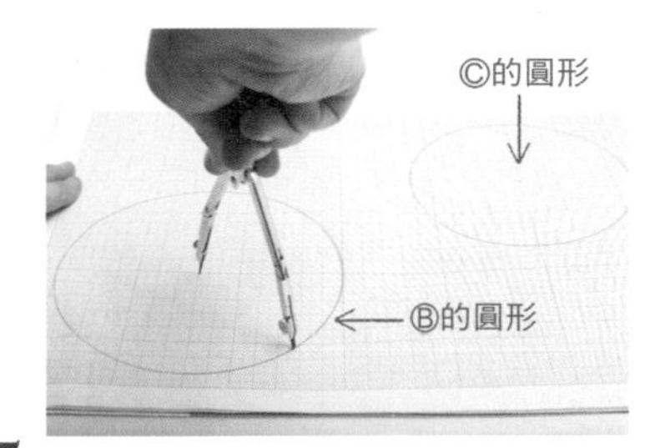

5 在方格紙（普通紙張也可以）上以圓規畫出半徑70mm及60mm的圓形。

6 在**5**所繪的Ⓒ中，描繪出字母A。也可依喜好，將字母A改成其他圖案。

補強結構的金屬網架

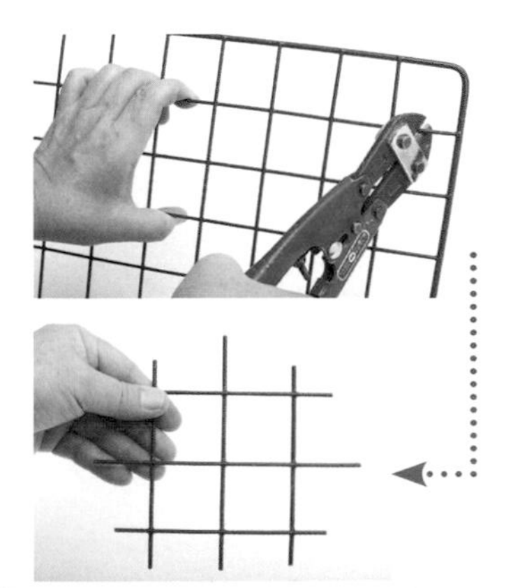

7 以鐵絲剪將金屬網架剪下約120至130mm的大小，用來補強作品結構。

製作模具

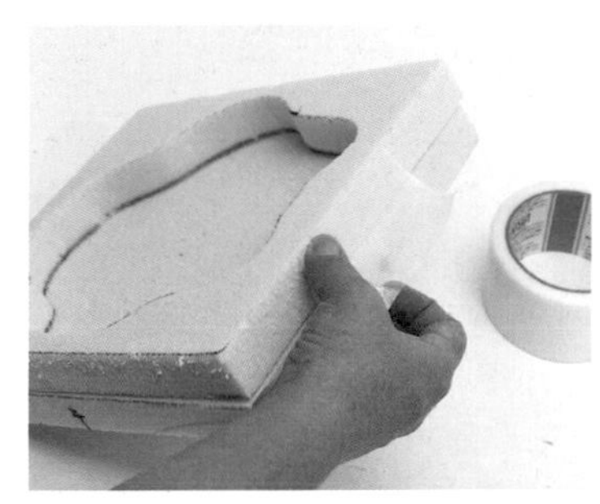

8 將切出圖形的穩熱板疊放在作為底座的穩熱板上，四邊都貼上養生膠帶，固定兩片穩熱板。

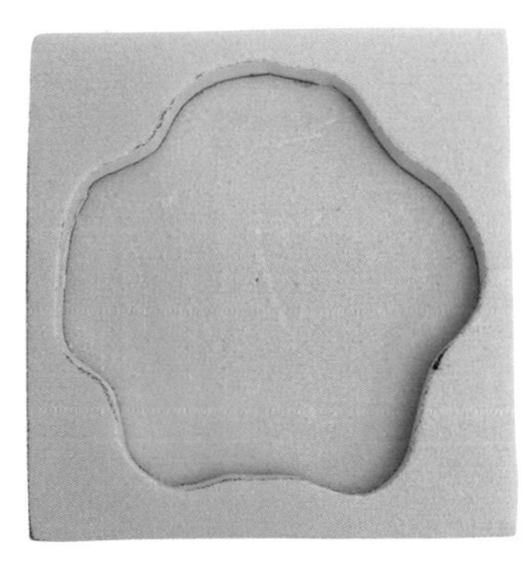

固定好之後即完成模具。

advice

善用穩熱板，打造獨特的模具

這個作品並不是將穩熱板當作基底，而是利用穩熱板來製作模具。如果想製作多個踏腳石，模具可重複使用，用完之後可將模具拆解，將回收的穩熱板拿來製作小型擺飾。

Step 2

水泥灌模

1 將石英砂、白水泥與水、水泥強化接著劑攪拌約3至4分鐘，確實拌勻。

2 將調合均勻的水泥填進模具至大約一半的高度，灌模時注意不要讓空氣跑進水泥中。

訣竅

模具邊緣以油畫抹刀仔細填入水泥，避免產生空隙。

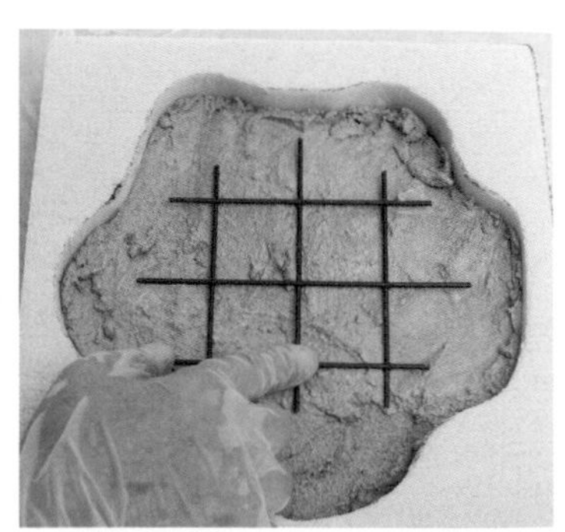

3 在**2**的正中央，放入Step 1準備好的補強用金屬網架。

4 放入金屬網架後，繼續填入水泥。

訣竅

如果有空氣跑進水泥中，作品容易產生裂痕！請以拌匙確實壓緊水泥。

5 以油畫抹刀刮去表面多餘的水泥，將表面修飾平整。

完成灌模！

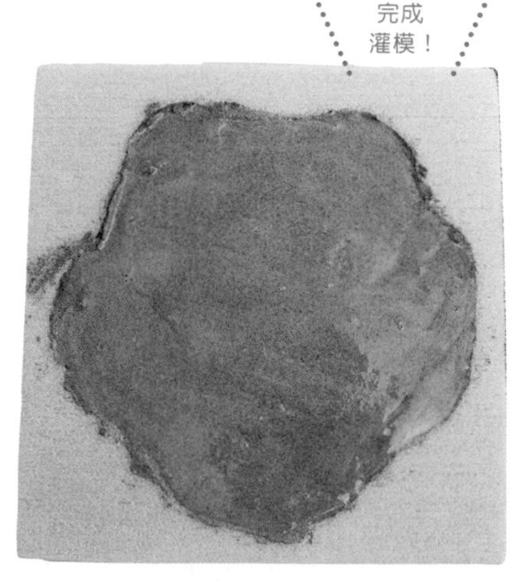

靜置約1小時，使其乾燥至表面稍微泛白。

Step 3

刻劃裝飾性線條

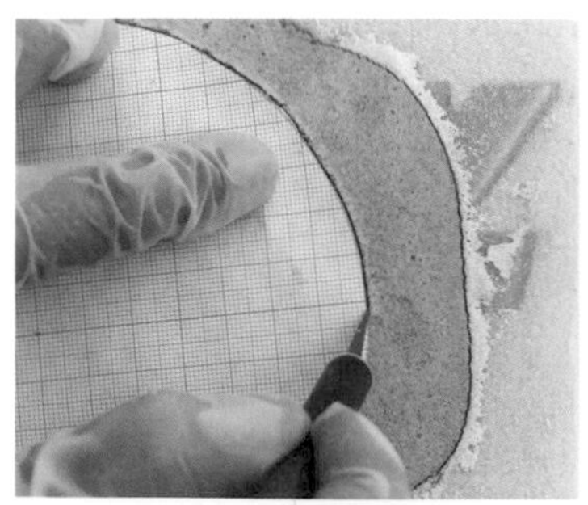

1 將紙型Ⓑ放在模具中水泥的正中央，以筆刀沿著圓形輪廓刻劃，作出刻痕。

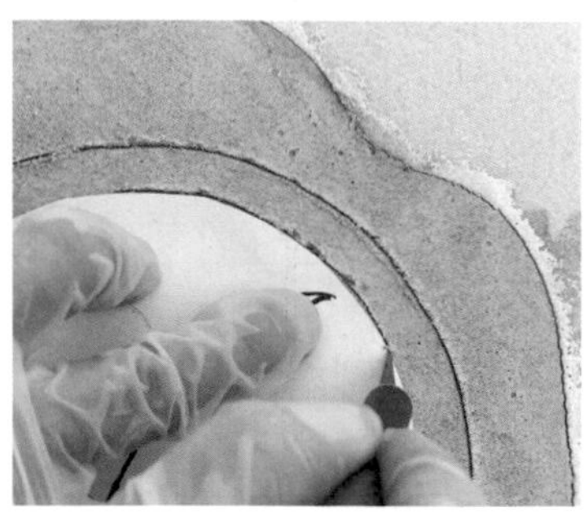

2 將紙型Ⓒ置中放在**1**畫出的圓內，以筆刀沿著輪廓刻劃，作出第二圈的刻痕。

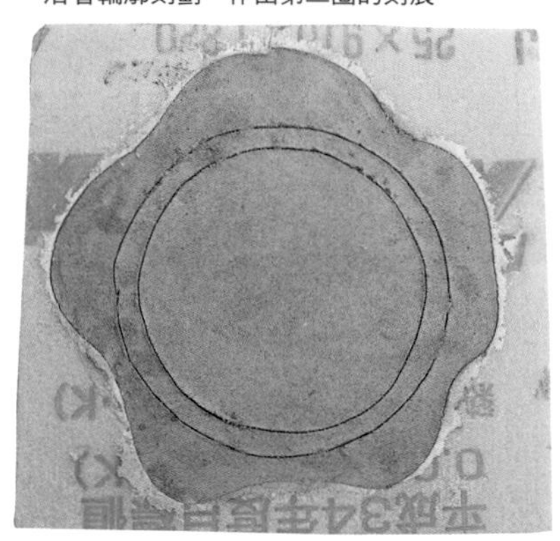

3 刻劃出兩個圓形的樣子。由於水泥的表面並未全乾，筆刀只需輕輕往下施力即可作出刻痕。

4 將紙型Ⓒ重新放上水泥，以筆刀刻劃裝飾文字的線條。

美麗的裝飾圖案！

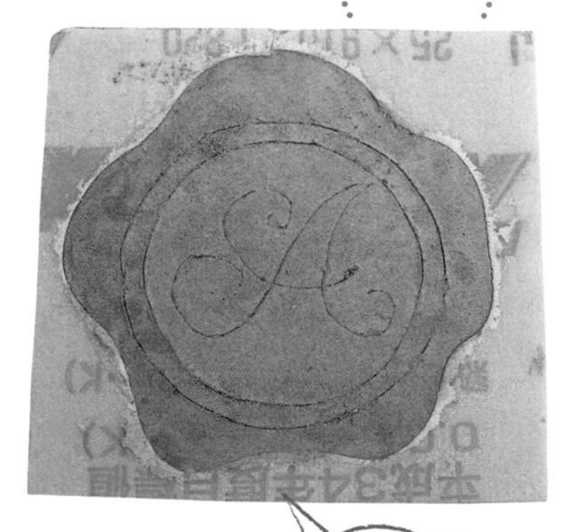

趁著水泥還沒全乾，繼續下一步

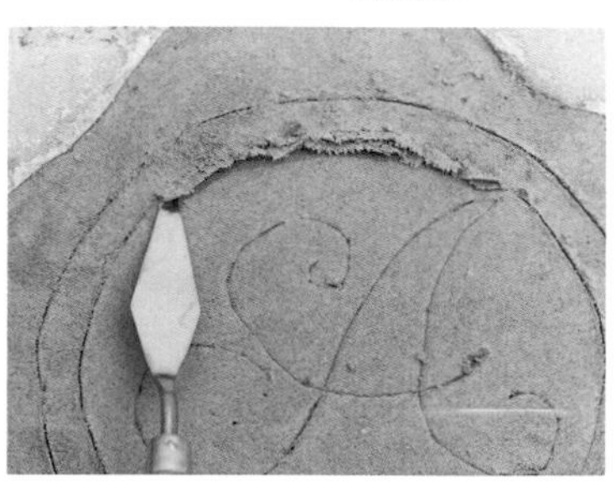

5 以油畫抹刀強化剛才刻劃出來的圓形及文字線條。

6 線條深度約1至2㎜，字母的部分要特別仔細處理。

脫模

7 將油畫抹刀從模具邊緣插入，順著模具的輪廓轉一圈，就能輕鬆脫模。

8 為了更順利地脫模，可稍微切開模具，拿起上層的穩熱板。

9 調整作品的形狀，將作品邊緣處理得平滑一些，再將模具的底座也拿掉。脫模的踏腳石要徹底乾燥2至3天後再使用。

訣竅

尚未完全乾燥的水泥作品，都還能以油畫抹刀削切、塑形。注意雕塑時力道要小，一點一點地削，避免削過頭。

完成

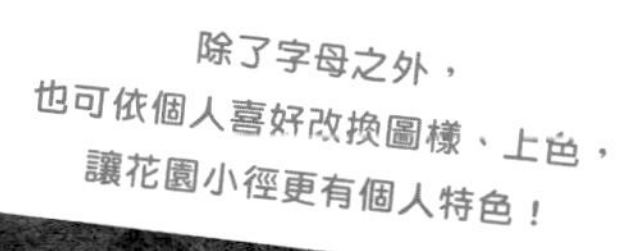

除了字母之外，
也可依個人喜好改換圖樣、上色，
讓花園小徑更有個人特色！

這一款作品是天然風格的踏腳石！

advice

去除水泥碎屑的方法

可直接以嘴吹氣，吹掉小碎屑，也可使用吹塵空氣球、小型吸塵器等器具，但使用輔具去除水泥屑時，要避免作品受損。

浮雕花盆

便宜的塑膠花盆也能變身高雅的工藝品！
請特別注意使用矽膠模型的技巧。

工具&材料

塑膠花盆

旋轉臺

矽膠模
（玩黏土時使用的模型）

快乾膠

熱熔膠槍＋熱熔膠

水泥材料組（P.12）

・專用水泥：2杯
・水：100cc
・水泥強化接著劑：
　2小匙／底漆用，適量

工具&其他材料
・大調理盆・拌匙
・油畫抹刀
・鋼刷・筆刀

上色材料組（P.22）・底漆塗料・水性壓克力顏料
・水・畫筆・保護漆

約略尺寸 22cm×15cm　難易度 ★★☆☆☆
製作時間 約4小時

Step 1

塗抹水泥

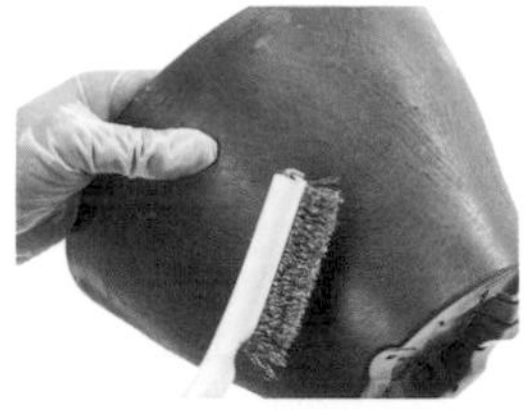

1 以鋼刷將塑膠花盆表面刷得有些粗糙。

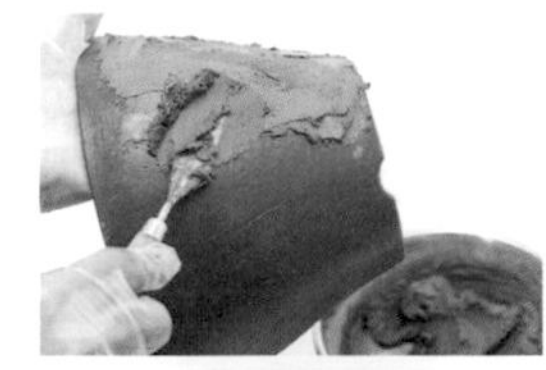

2 塗抹水泥強化接著劑作為底漆，乾燥後將水泥塗在盆器表面，盆器內側水線（土壤高度指示線）上方的部分也要塗，水泥厚度約3mm。盆緣處要製作紋路，這個部分的水泥要塗厚一些（約5mm）。靜置待乾。

調整形狀&雕刻紋路

3 待2的水泥乾燥至表面泛白，就可以油畫抹刀調整作品的形狀。

4 以油畫抹刀在塗抹較厚的盆緣上雕刻出紋路。靜置作品，自然風乾。

Step 2

塗上喜愛的顏色

1 以氧化紅及暗琥珀色（參見P.22）的顏料上色，並以白色顏料打亮。

裝飾圖案

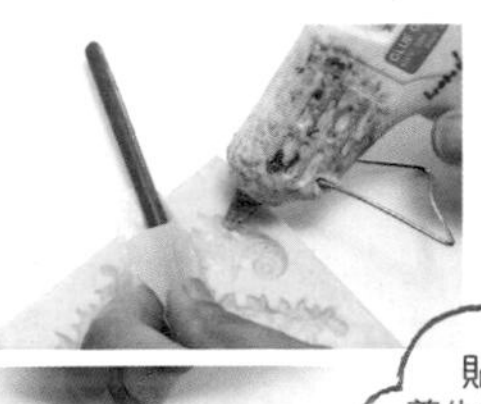

2 以熱熔膠槍將熱熔膠填進矽膠模裡。

3 將凝固的熱熔膠脫模，以快乾膠黏貼在花盆上，上色後即完成。建議塗成磚紅色。

完成

就算最後不添加裝飾圖案，單純的水泥造型也非常迷人。在花盆中種下當季花草吧！

科茨沃爾德風岩石裝置

以零碎的穩熱板作出奇形怪狀的岩石吧！
可以當作擺飾，
也可以在岩石間種植多肉植物。

工具＆材料

穩熱板
創作範本（真正的科茨沃爾德石材或照片）

水泥材料組（P.12）
・專用水泥：1杯・水：50cc
・水泥強化接著劑：1小匙／底漆用，適量
※分量依製作大小及數量而異。

工具&其他材料
・大調理盆・拌匙・油畫抹刀
・鋼刷・美工刀

上色材料組（P.22）・底漆塗料
・水性壓克力顏料・水・畫筆・調色盤・保護漆

約略尺寸 10cm×20cm　難易度 ★☆☆☆☆
製作時間 2至3小時

Step 1

製作基底

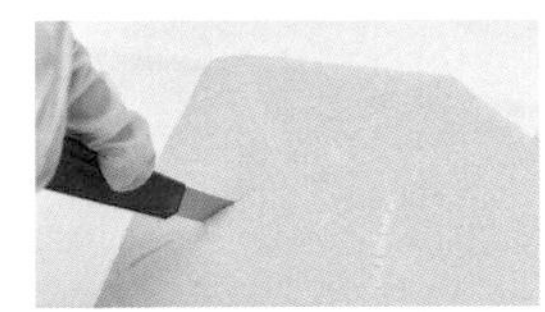

1 在穩熱板上，大致依預定的形狀以美工刀切出切痕，再徒手掰斷。

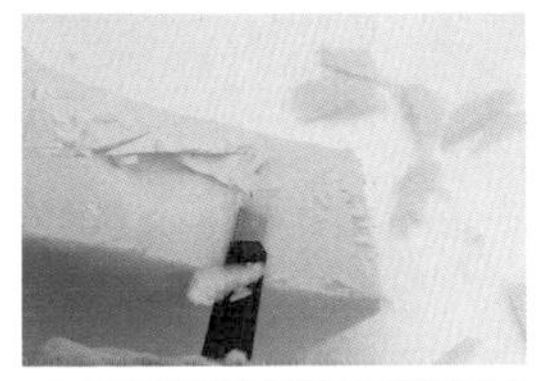

2 以美工刀削出岩面上斷裂的紋路，完成基底。上圖左邊是真正的科茨沃爾德岩石。

Step 2

塗抹水泥

1 以鋼刷將基底的表面刷得變粗糙，塗抹水泥強化接著劑作為底漆，待底漆乾燥後即可塗抹水泥。

2 以油畫抹刀調整形狀，可以一邊看著範本，一邊作出岩面上的凹凸感。

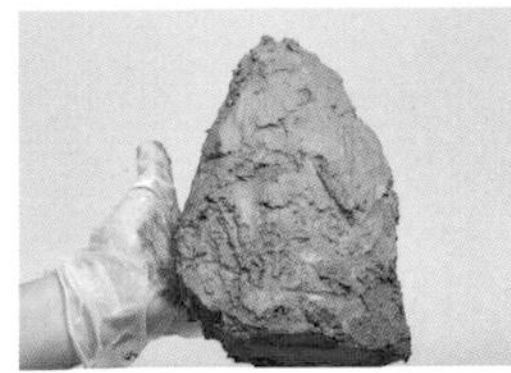

3 塗好水泥的樣子。自然風乾，約需半天以上。

Step 3

上色

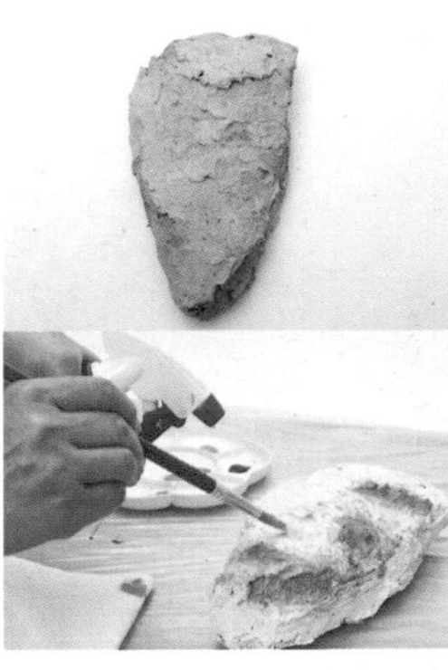

1 上好底漆塗料後，塗上白色顏料，再以土黃色或暗琥珀色（參見P.22）等顏料，塗抹成岩石的顏色。

2 上色時，不要大面積地刷色，色澤要有深淺，才可呈現天然岩石的感覺。可使用白色顏料打亮，增添立體感。

創作時，也可如同本頁右上的情境圖一樣，在塗抹水泥之前，先將幾塊基底以黏膠相連，並作出種植洞，作品完成後就可以植入多肉植物。

以水泥製作的植物名牌。Kew Rambler這種玫瑰會在五月時綻放，成為花園的焦點。

將S字母設計成天鵝的樣子，多肉植物就好像是羽翼一般。

優雅又別具風格的圖騰掛飾

P.34介紹了基本的圖騰掛飾，
其實只要花點心思，就能創作出各式各樣的作品。
雖然是小作品，卻是營造花園氣氛的重要角色！

初學者如果想要藉由實作來熟悉水泥雜貨的製作技巧，我最推薦的就是「圖騰掛飾」，只需要2至3小時就能完成作品。

作品上的字母可以是自己的名字縮寫，也可以是心愛花園的名字。因為作品小不太占空間，所以在小花園中或陽臺上，也能成為可愛、令人印象深刻的重點裝飾。

這一款作品也可以當作植物名牌。當你在花園中增添繽紛色彩的玫瑰時，就作一個掛飾，在作品上描繪花容、寫上品種名稱，掛在花兒的旁邊。即使冬季時花朵枯萎了，依然能吸引旁人目光。

如果要將植物種植於圖騰掛飾上，建議種植多肉植物，因為它們只需要少量的泥土就可存活。如果想種植特定的多肉植物，也可以製作擺飾盆器，依照多肉植物的尺寸進行創作。植物與水泥雜貨相互輝映，絕對會成為庭園中最可愛的風景。

雕塑出孩子的名字縮寫，加上可愛的顏色及裝飾。

以愛車的名字和樣貌為創作藍圖，可愛又時髦。

自然地掛在花壇葉蔭下。

Part 3

Medium

就愛中型水泥雜貨！創造庭園裡的亮點

學習多一些技術，
試著作出
更有質感的庭園飾物吧！

←復古燈，製作方式請見 *p.51*

冬季時花園顯得有些寂寥。在葉落的樹枝上吊掛著鳥屋，繫上以花生作成的花圈，小鳥們便會聚集而來。

鳥兒的家

小鳥們也喜歡科茨沃爾德風的鳥屋唷！
撥出空來，利用幾天的時間慢慢打造吧！

工具＆材料

穩熱板 厚度20㎜
長200㎜×寬160㎜×2片
長140㎜×寬90㎜×2片
屋頂材料：水泥板150㎜×145㎜×2片
方形木塊（角材）30㎜×24㎜×長70㎜
螺絲 25㎜×4個
底板：鋁複合板130㎜×105㎜
窗戶裝飾：鐵絲1㎜×90㎜
鳥屋內側用：JOLYPATE塗料（參見P.82強化牆面的塗料）

水泥板

水泥材料組（P.12）・專用水泥：2杯・水：100cc
・水泥強化接著劑：2小匙／底漆用，適量

工具＆其他材料
・大調理盆・拌匙・油畫抹刀・筆刀
・鋼刷・美工刀・尖嘴鉗
・老虎鉗・角尺・螺絲起子或電鑽
・電鋸或圓木鋸
・保麗龍專用黏膠・油性筆・工作板

縫隙材料組・填隙專用砂漿・水
・油畫抹刀・海綿・水桶

上色材料組（P.22）
・底漆塗料
・水性壓克力顏料・水・畫筆・調色盤・保護漆等

約略尺寸 22㎝×20㎝×15㎝　**難易度** ★★★★★

製作時間 約10小時

Step 1

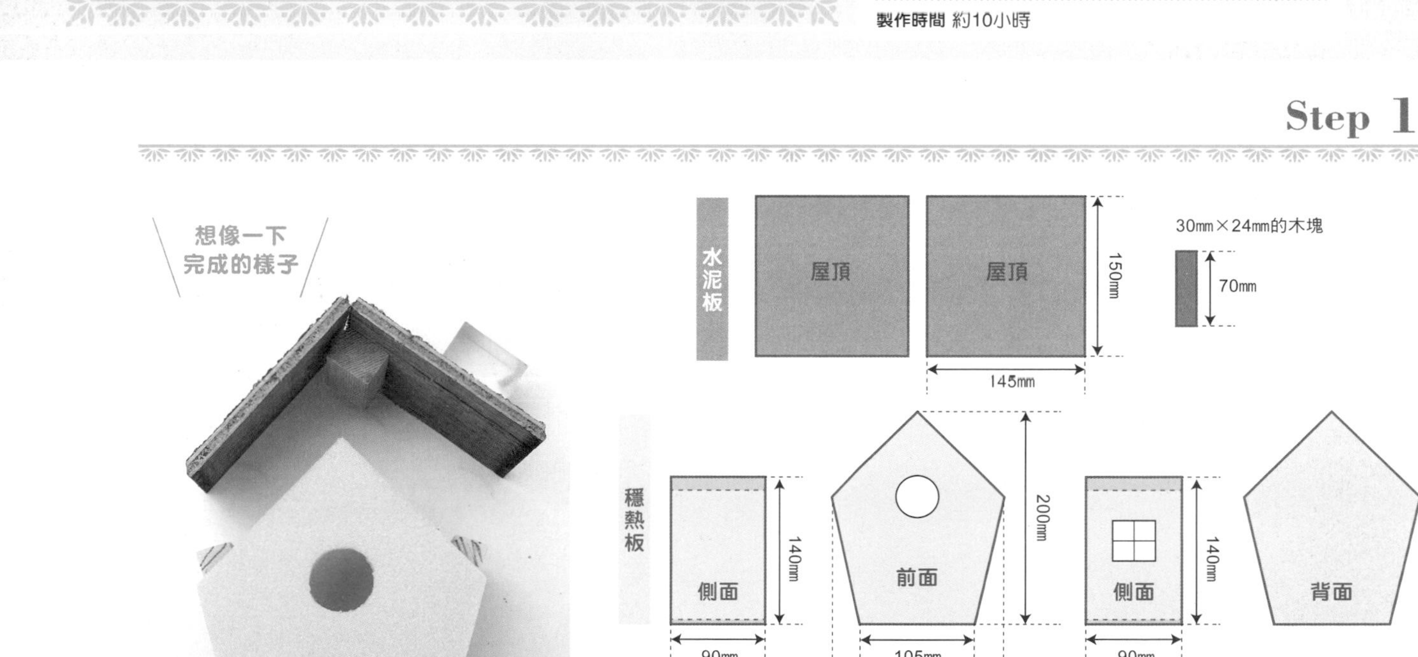

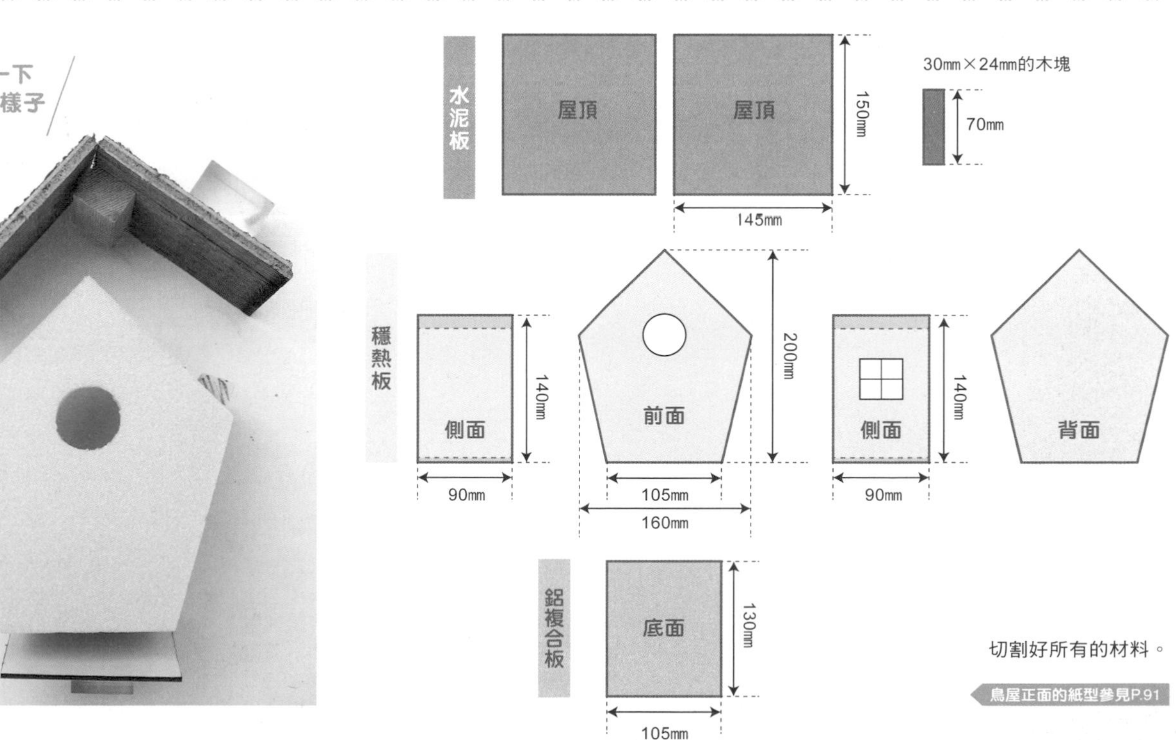

切割好所有的材料。

鳥屋正面的紙型參見P.91

製作牆面

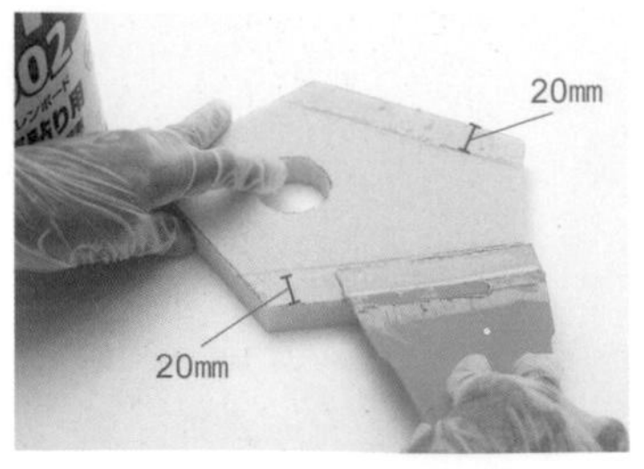

1 在正面內側的左右邊緣塗上黏膠。塗抹寬度等於穩熱板的厚度20mm。

2 側面兩片穩熱板的貼合邊也塗上黏膠，貼合於正面塗膠處。

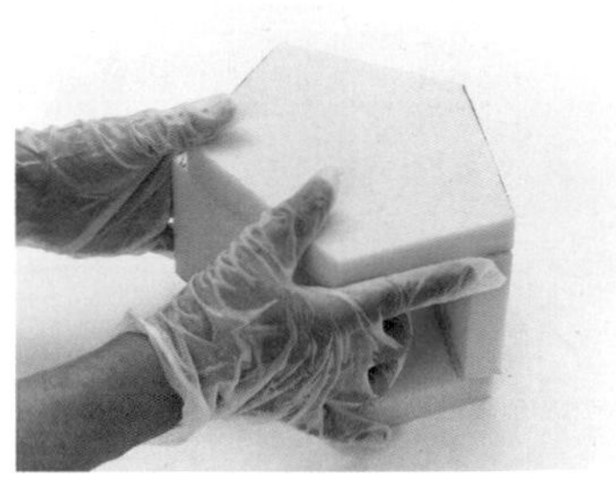

3 背面內側的左右邊緣也與1相同，塗抹黏膠，再徒手按壓，貼合於2的兩片側面板上。

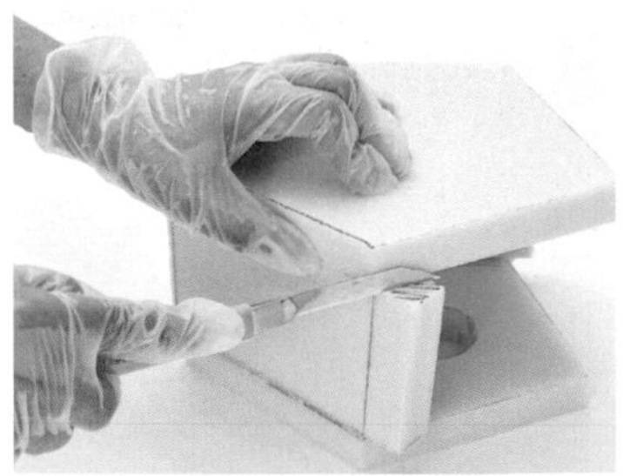

4 配合屋頂傾斜的角度，將側面多餘的部分切除。

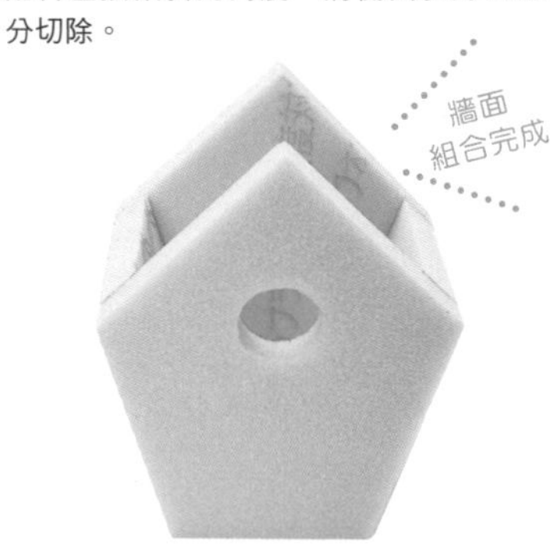

5 黏貼底面。鋁複合板的周邊寬20mm處塗抹黏膠，鳥屋牆面的底部也塗抹黏膠，將鋁複合板與牆面底部貼牢。

製作屋頂

6 如圖示，使用兩個螺絲，將水泥板固定在木塊上。木塊的位置在水泥片短邊上緣的正中間。

7 如圖，將另一片水泥板也固定到6的木塊上。

8 確認作好的屋頂可安置在鳥屋上。

advice

保麗龍專用黏膠
塗抹於要黏貼的兩面，靜置2至3分鐘，微乾後再黏合。

水泥板
建議選擇表面上有凹凸紋路的水泥板，比較容易塗抹水泥（參見P.82）。

雕刻牆面紋路

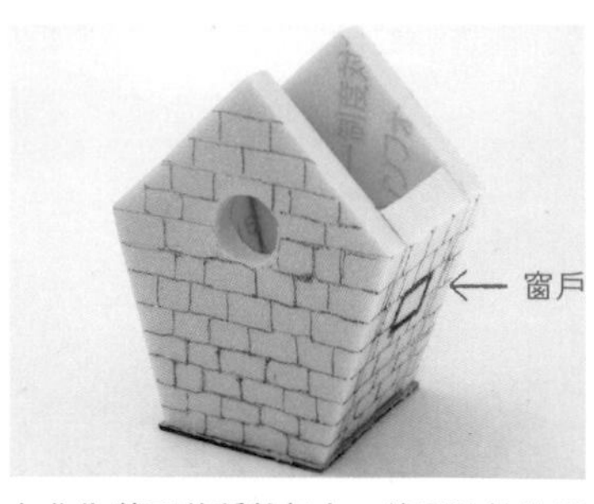

9 在作為牆面的穩熱板上，使用油性筆描繪出預定完成的石磚牆面圖樣。側面窗戶也要畫好方形窗框。

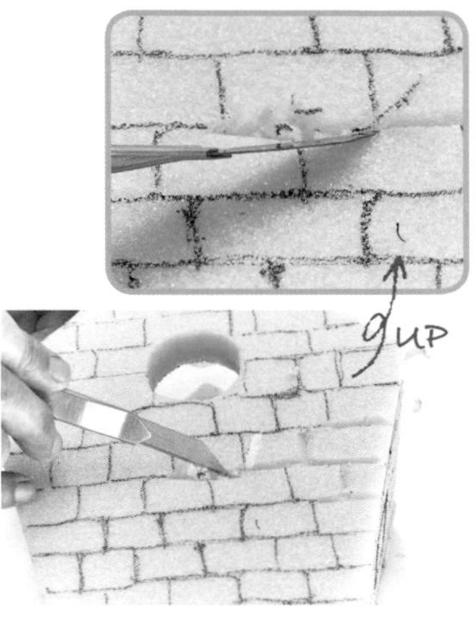

10 依照9畫好的石牆草稿，以美工刀刻出線條，製作石磚一個個疊起的立體感。自然地雕刻出不同粗細的線條。

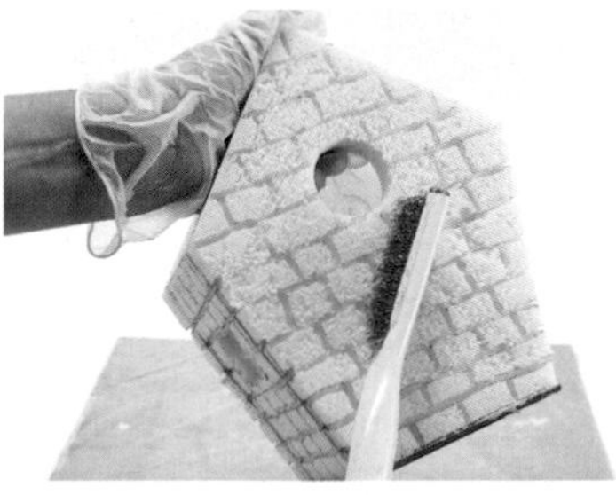

11 以鋼刷將牆面刷出粗糙感，會比較容易塗抹水泥。

Step 2

塗抹水泥

1 除了底面之外，鳥屋的牆面皆以毛刷塗上水泥強化接著劑。

2 以吹風機大約吹3分鐘，將**1**的加強劑吹乾。也可放置室外，自然乾燥約1小時。

3 塗抹水泥。一邊塗抹水泥，一邊按壓，避免水泥與穩熱板間有空氣。水泥厚度約2mm。

訣竅

像石磚一個一個疊成牆面。水泥不要整片大面積地塗上，石磚之間的縫隙不要塗抹水泥。

牆面塗好水泥

放上屋頂，確認整體樣貌

牆面就這樣靜置1至2天，自然乾燥。

屋頂塗抹水泥

4 在屋頂表面薄薄塗上一層水泥強化接著劑，自然風乾。也可使用吹風機，只需2至3分鐘即可吹乾。

5 將**4**的屋頂塗上水泥。請平整塗抹，水泥厚度約5mm。

訣竅

為了不讓水泥從屋頂邊緣滴落，塗抹時以水泥抹刀按壓，幫助邊緣的水泥塗出一定的厚度。

屋頂塗好水泥了

將屋頂作成石瓦風格

6 屋頂風乾約半天後，以油畫抹刀刮削水泥表面。

7 以油畫抹刀在**6**的水泥表面畫出石瓦的橫線條，線條間隔大約10mm。

8 為**7**的石瓦線條加上細節。由下往上，依序削出一層一層往上堆疊的感覺。

9 以筆刀為**8**的石瓦加上直線條。線條間隔大約20mm。

10 屋頂側邊也要加工，刻出石瓦一片片堆疊的樣子。

屋頂加工完成

屋頂就這樣放在鳥屋上，靜置1至2天，自然風乾，最好放在戶外有陽光的地方。

為了展現石瓦及石牆風格，關鍵就在於巧妙地改變顏色。請好好參考實體圖片，一邊欣賞，一邊調整色彩。

完成

6

Step 3

填補縫隙

4 塗抹填隙專用砂漿（參見P.38）。以油畫抹刀填補石磚間的溝槽。

5 海綿打濕後擰乾，一邊拭去多餘的填隙專用砂漿，一邊將縫隙中的砂漿壓實。

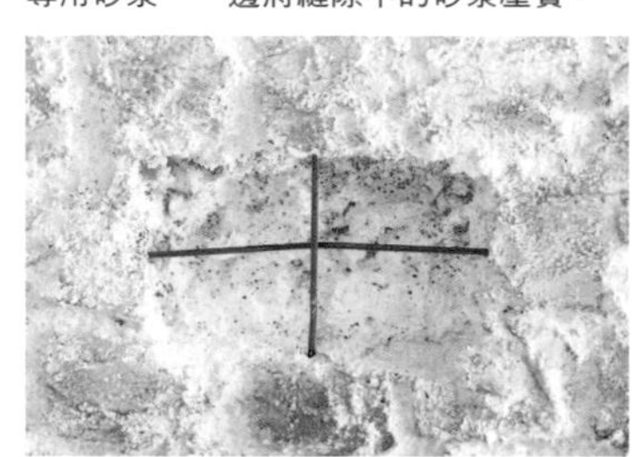

6 將金屬線裝進窗戶裡。金屬線直徑約1㎜，縱向約30㎜長，橫向約40㎜，各多剪10㎜以便於安插在牆體上，作出一個裝飾用的窗戶。

上色

1 以底漆塗料塗抹徹底乾燥的水泥面。底漆乾燥後，塗上白色顏料。

2 1的顏料乾燥後，在鳥屋內側塗上可提高持久度的JOLYPATE塗料。

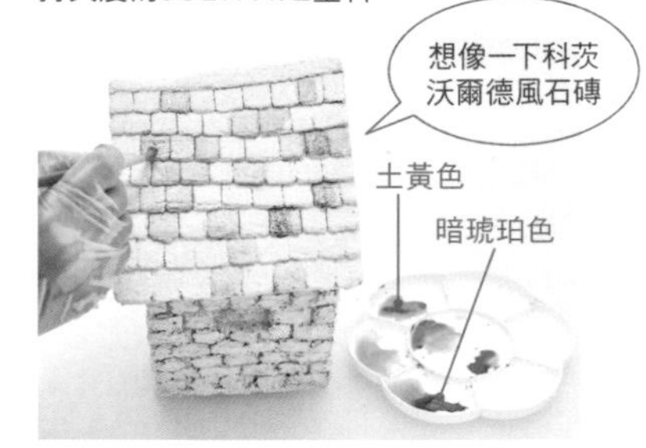

3 以土黃、暗琥珀色等顏料，調合好顏色進行上色（參見P.22）。

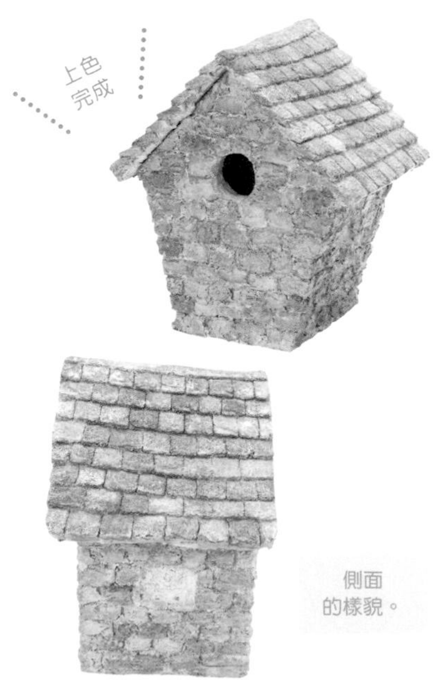

這些材料都是在百元商店發現的！
讓手作的燈具點亮花園的奇幻氣氛吧！

工具＆材料

橡果小燈材料組

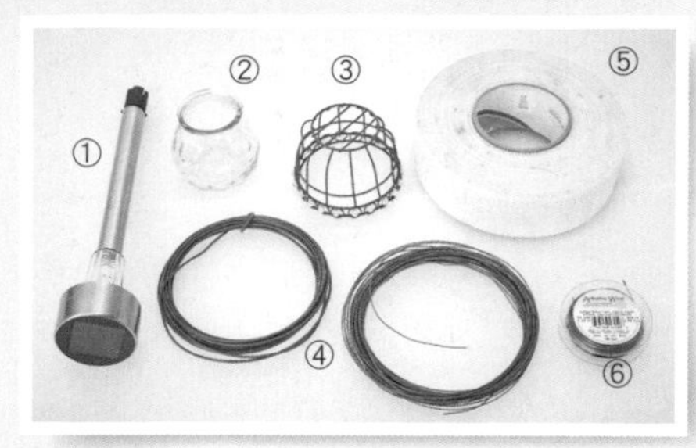

①**太陽能燈**（輕巧組）
寬約63mm×深63mm×高256mm ＊不使用燈插的部分
②**玻璃瓶**（口徑約60mm）　③**小金屬籃**
④**包塑鋁線**（直徑1mm、直徑2mm）
⑤**玻璃纖維網**
⑥**漆包線**（銅線＋鍍膜 直徑約1mm）

水泥材料組（P.12）・專用水泥：1杯・水：50cc
・水泥強化接著劑：低於1小匙

工具＆其他材料 大調理盆・拌匙・油畫抹刀・美工刀
・筆刀・尖嘴鉗・老虎鉗・剪刀・旋轉臺・工作板

上色材料組（P.22）・底漆塗料・水性壓克力顏料
・水・畫筆・調色盤・保護漆

約略尺寸 13cm×11cm×11cm　難易度 ★★★☆☆
製作時間 約3小時

奇幻風格的花園路標

橡果小燈

Step 1

製作橡果（笠帽部分）的基底

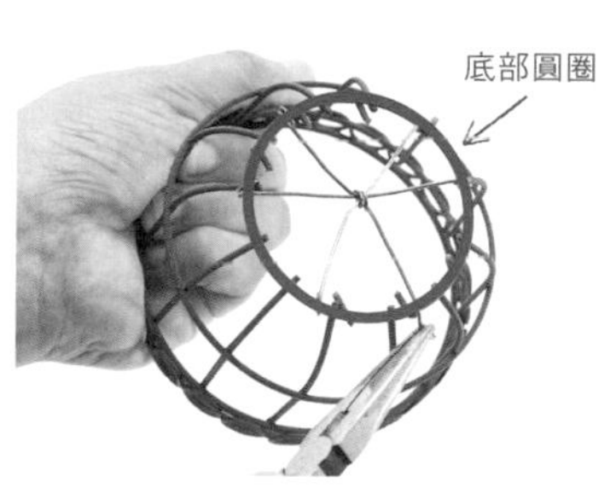

1 將現成的金屬籃剪去提把，底部的金屬線也剪斷。使用漆包線（直徑1mm）約70mm×3條，如圖固定在底部圓圈的部分。

訣竅

漆包線於中心交叉，並以等寬距離固定。線端以尖嘴鉗彎折、固定。

2 為了能在籃子外圍塗抹水泥，先貼上玻璃纖維網。

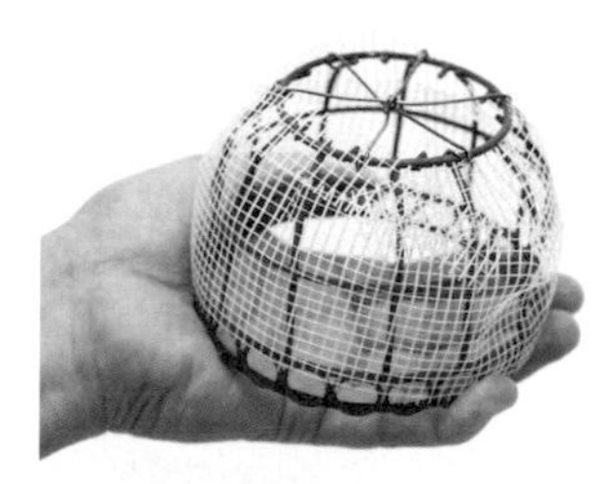

3 貼好玻璃纖維網的樣子。有弧度處要稍微將纖維網剪開來，方便貼合。

Step 2

塗抹水泥

1 塗抹水泥，厚約5mm，塗抹時避免讓空氣進入。

2 整個籃子的外側都塗好水泥，完成橡果的基底。將基底蓋在空罐上，靜置1小時，待表面略乾。

以包塑鋁線製作裝飾線條

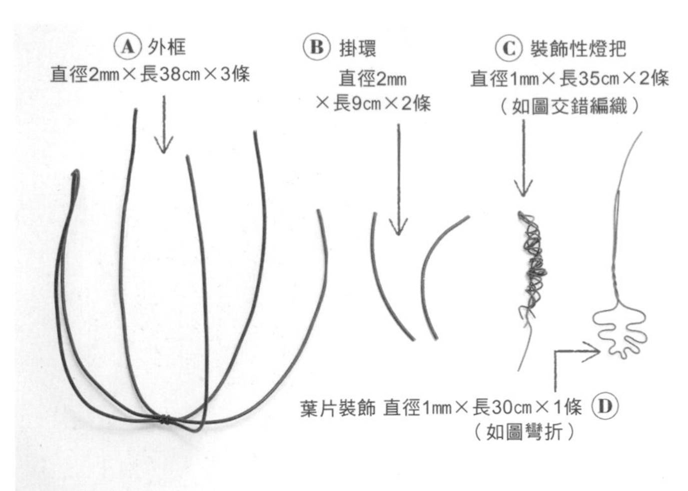

3

依左列**A**至**C**的尺寸標示準備線材。

在水泥上雕刻花紋

3 待**2**的水泥表面乾燥後，使用筆刀雕刻出網狀花紋。

上色

4 在**3**的基底上塗抹底漆塗料，乾燥後再塗白色顏料，以吹風機吹2至3分鐘，使其乾燥。

5 在**4**的基底上塗抹棕色顏料，乾燥後再以白色顏料製作亮面，待乾。也可以吹風機吹2至3分鐘，使顏料快速乾燥。

Step 3

裝設太陽能燈

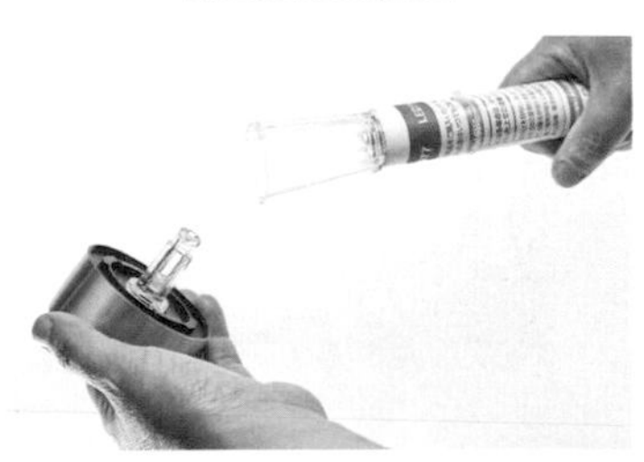

1 拆解庭園用太陽燈。拆除燈插，本作品不需要使用到這個部分。

2 將拆好的太陽能燈，如蓋子般覆蓋在玻璃瓶上。瓶中可放進松果等小物作為裝飾。

組裝小燈

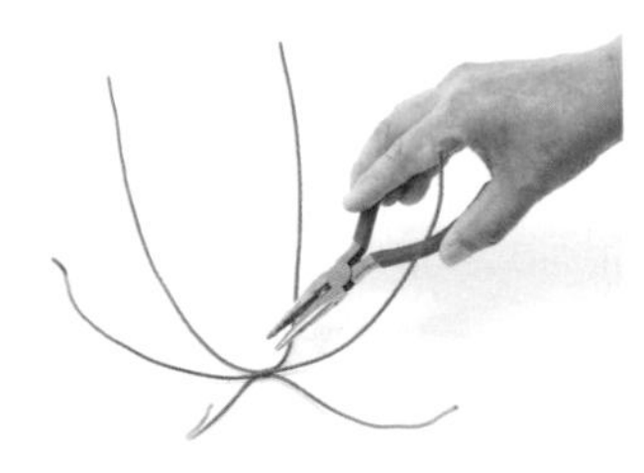

4 將3條Ⓐ彎成U字，底部交叉，以細鐵絲固定。

5 將**2**的玻璃瓶放在**4**的底部中央。

6 Ⓐ的上端從橡果笠帽的內側穿至頂端。

7 將突出頂端的Ⓐ以尖嘴鉗彎折，固定在Step 1中綁好的漆包線上。6條線都依序固定好。

8 裝設Ⓑ掛環。以尖嘴鉗將Ⓑ彎折，固定在任兩條漆包線的兩端，共有4個固定點。

裝上Ⓒ裝飾性燈把、Ⓓ葉片裝飾，讓作品更美觀。

白天放在陽光下，到了傍晚就會自動亮燈唷！

為太陽能燈加上引人幽思的復古燈罩，安置在圍欄上或柱子上。

復古燈

燈下彷彿即將開展出某段故事

工具＆材料

燈光材料組

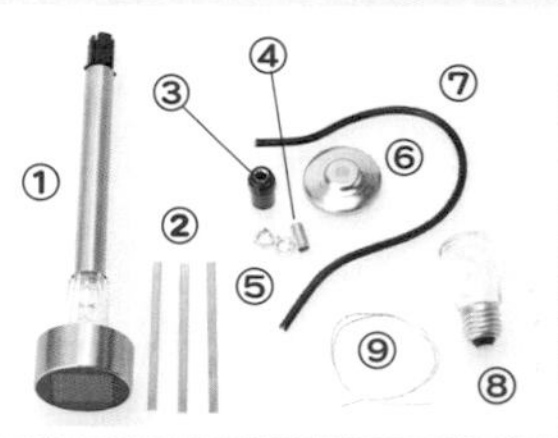

①太陽能燈（輕巧組）
寬約63㎜×深63㎜
×高256㎜ ＊不使用燈插的部分
②黃銅片：厚度1.5㎜
寬6㎜×長110㎜×3片
③小型燈座
④中空螺牙 ⑤六角螺帽 2個
⑥法蘭蓋底座 ⑦鋁線：直徑6㎜×長340㎜
⑧燈泡形狀的玻璃小瓶 ⑨不鏽鋼線（直徑0.55㎜）適當長度
⑩燈罩用金屬平板：約300㎜的方形
金屬用底漆塗料＝Mityakuron等
（參見P.82）・分裝容器・畫筆

⑩

水泥材料組（P.12）
・專用水泥：2杯
・水：100cc
・水泥強化接著劑：2小匙／底漆用，適量
JOLYPATE塗料（參見P.82）・畫筆

工具＆其他材料
・大調理盆・拌匙・油畫抹刀・槌子
・角材（鑽孔用）・旋轉臺・電鑽・養生膠帶・尖嘴鉗
・鐵皮剪・老虎鉗・快乾膠
・園藝手套・油性筆

上色材料組（P.22）
・底漆塗料
・水性壓克力顏料・水・畫筆
・調色盤・保護漆

約略尺寸 24cm×24cm
難易度 ★★★★★
製作時間 約5小時

Step 1

製作燈罩基底

※使用金屬平板時，請戴上園藝手套保護雙手。

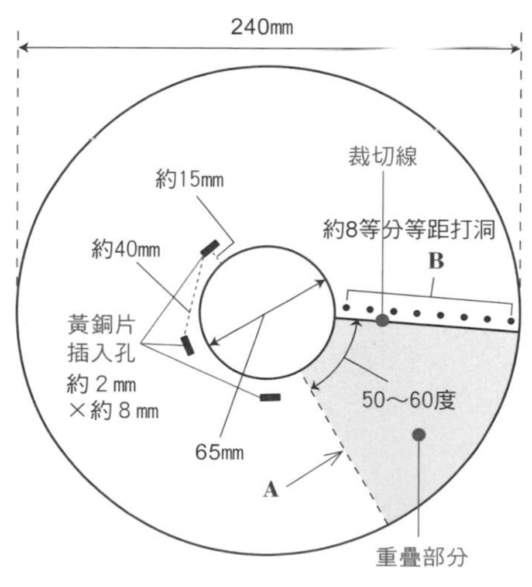

1 將準備作燈罩用的金屬平板切割為圓形。如上圖所示，以油性筆作出記號，包括A、裁切線、B（插孔位置）。

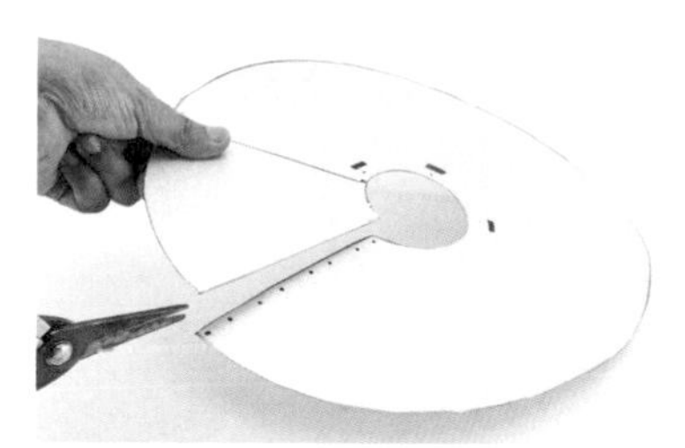

2 以鐵皮剪沿著**1**的裁切線剪開。中央的圓形也剪掉。

3 以養生膠帶固定剪開的切口，拿角材之類的物品墊在下方，如圖，在**B**記號上以電鑽打洞。

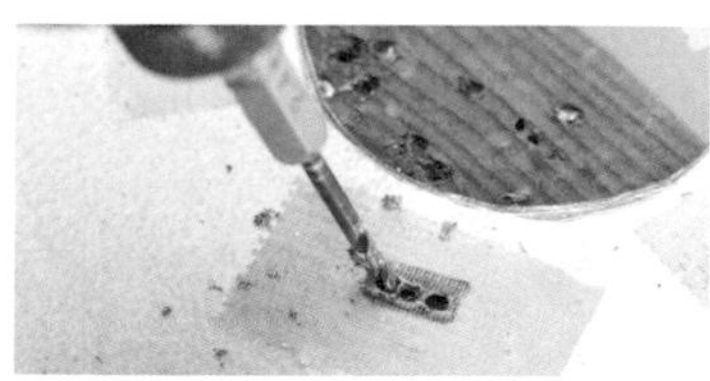

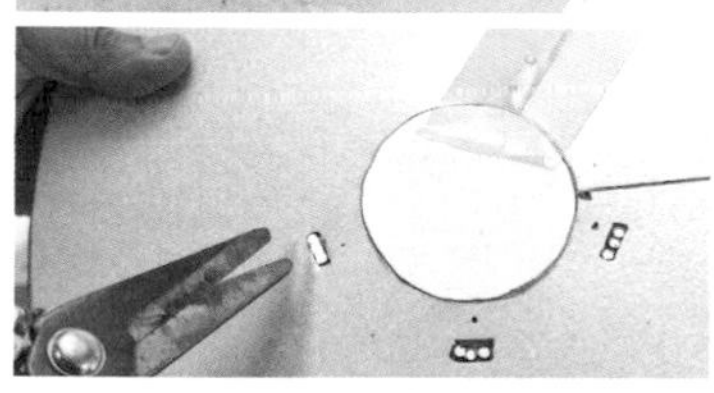

4 黃銅片插入孔的部分，先以電鑽打出預備孔，再以鐵皮剪修剪成預定的尺寸。

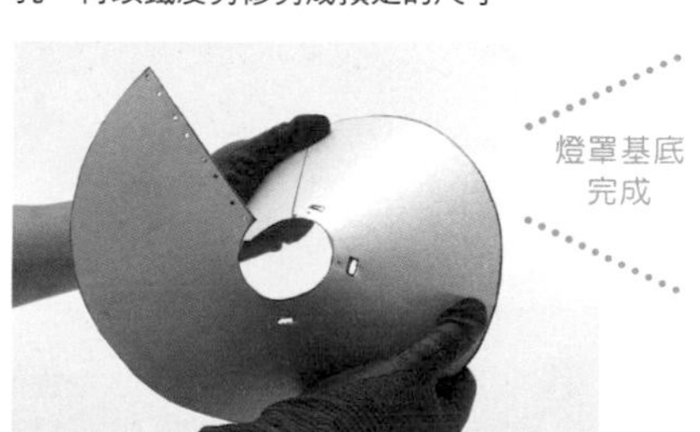

燈罩基底完成

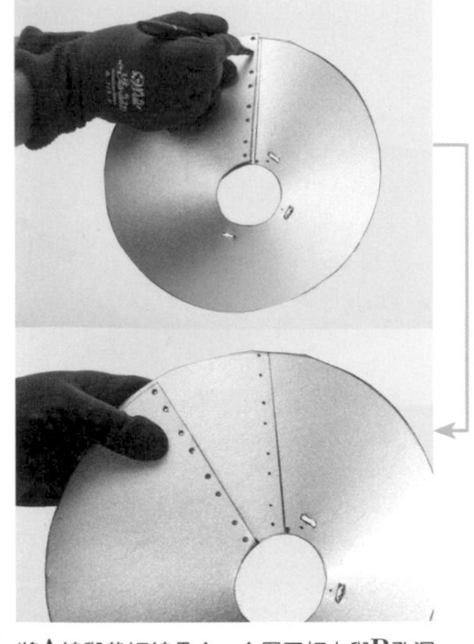

5 將A線與裁切線疊合，金屬平板上與B孔洞重疊處，以油性筆作記號。

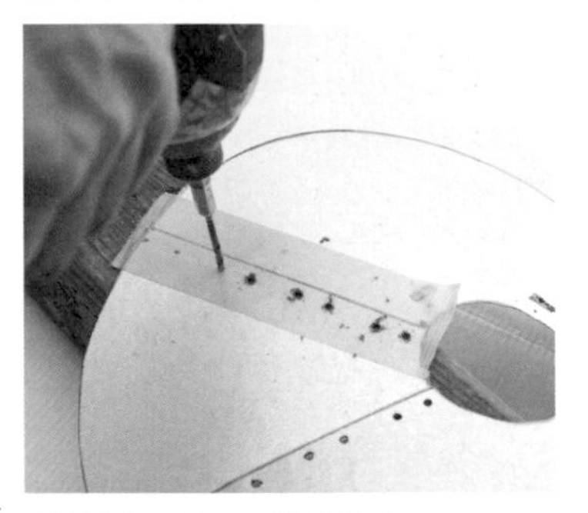

6 在5作的記號上，以電鑽打洞。

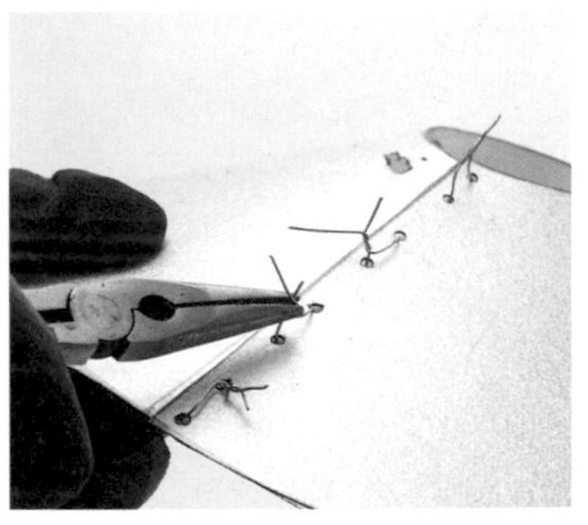

7 將B孔洞與6的孔洞重疊，由下方穿入不鏽鋼線，每兩個洞穿一條，以尖嘴鉗將線端扭轉固定。

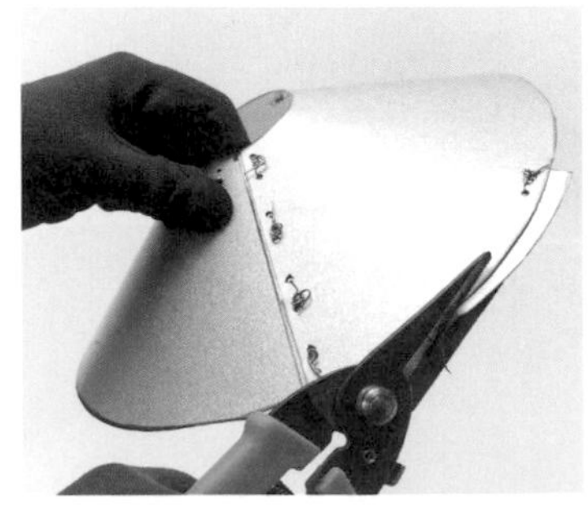

8 7在重疊處進行固定時，如果金屬平板下方有突出的部分，就以鐵皮剪剪除。

Step 2

底層處理・塗水泥・上色

1 金屬平板的內、外側都以筆刷塗上Mityakuron，待乾後，再塗上JOLYPATE塗料。

2 在燈罩外側塗抹水泥強化接著劑，待乾後，塗抹約4mm厚的水泥。

3 在水泥表面泛白半乾時，以油畫抹刀等工具刻劃出石瓦的花紋。（參見P.47步驟7至10）

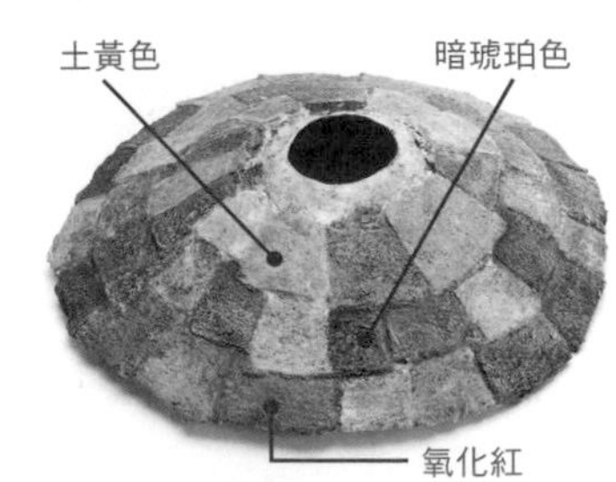

4 塗抹底漆塗料，待乾後上白色顏料。以暗琥珀色、土黃色為主色，調合氧化紅，待白色顏料乾燥即可上色。顏料乾燥後上保護漆，完成燈罩。

Step 3

組裝復古燈

1 在黃銅片短邊向內約5mm處，開出一個小洞，直徑約2mm。三片都要打洞。

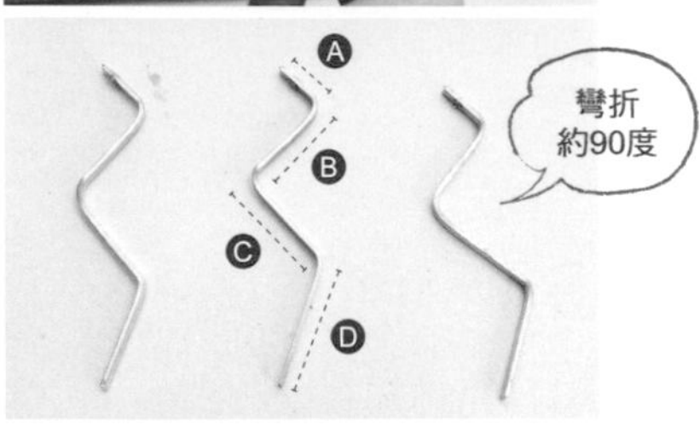

2 如圖彎折黃銅片。A＝約20mm、B＝30mm、C＝40mm、D約30mm（會伸進燈罩內）。

3 太陽能燈拆除燈插後，安插到燈罩中央的孔洞中。將2的黃銅片也安插到燈罩上，調整穩定性。

4 以電鑽在法蘭蓋底座上打2至4個洞，方便將復古燈安裝在壁面或柱子上。

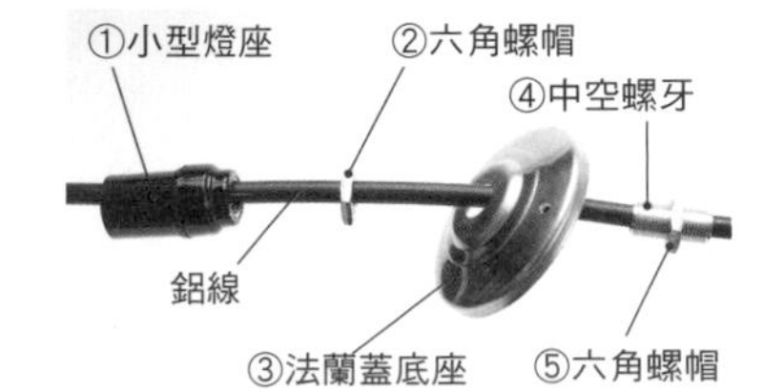

5 將小型燈座、六角螺帽（第1個）、法蘭蓋底座、中空螺牙、六角螺帽（第2個）依序穿過鋁線。

6 將5中的鋁線兩端以鐵鎚敲扁，小型燈座那一端，以電鑽在向內5至6㎜處開個洞。

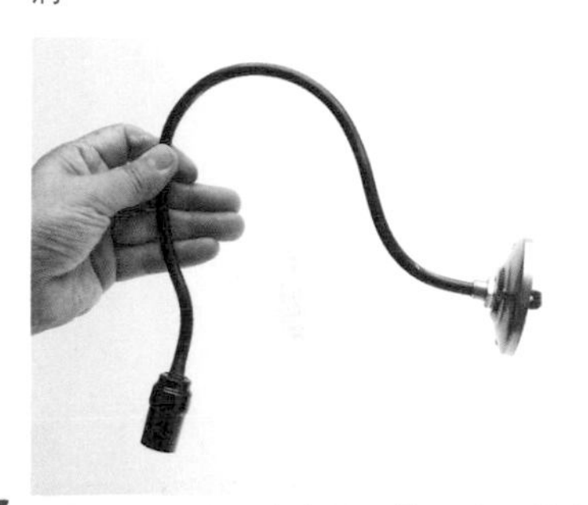

7 如圖所示，利用六角螺帽等固定用的小零件，將底座固定在靠牆面的那一端。

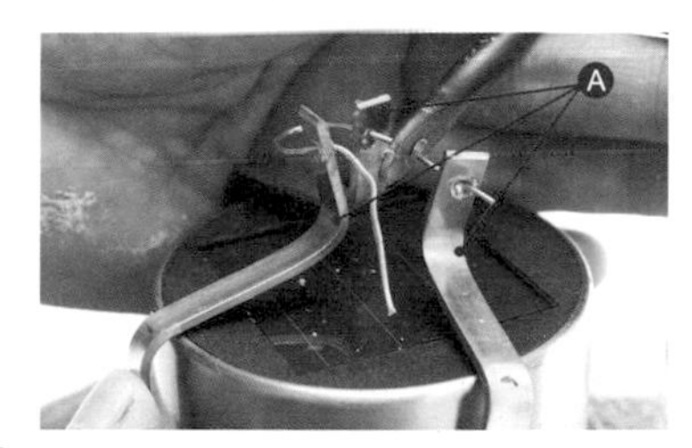

8 以不鏽鋼線固定Step 3黃銅片A段的3個洞，並固定到6鋁線上的小洞。

9 8黃銅片固定完成的樣子。不鏽鋼線要扭轉固定。

訣竅

將小型燈座移動至靠太陽能燈的一端時，由於鋁線前端已經敲扁、變寬，因此燈座不會脫落。

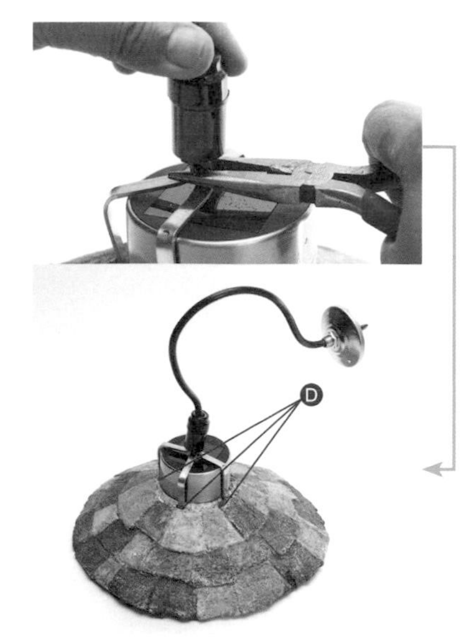

10 將小型燈座緊緊蓋在組合好的黃銅片上，並將黃銅片的D段確實壓入燈罩中央，插進內部。

11 準備燈泡形狀的玻璃小瓶。也可使用裝飾用電燈泡。

12 以鐵皮剪將11的燈帽剪斷，切口塗上快乾膠。

13 迅速將12的玻璃瓶貼在燈罩內側燈泡的位置上。

14 將10插入燈罩內的黃銅片向外側拗折，確定不會鬆動後，燈罩內側的安裝就完成了。

15 燈罩外的金屬物件都塗上Mityakuron，待乾，再塗上暗琥珀色進行復古加工。

完成

放在能照射到
日光的高處，
到了黃昏，燈便會亮起，
花園的氣氛將
為之一變。

Step 1

製作金屬提籃

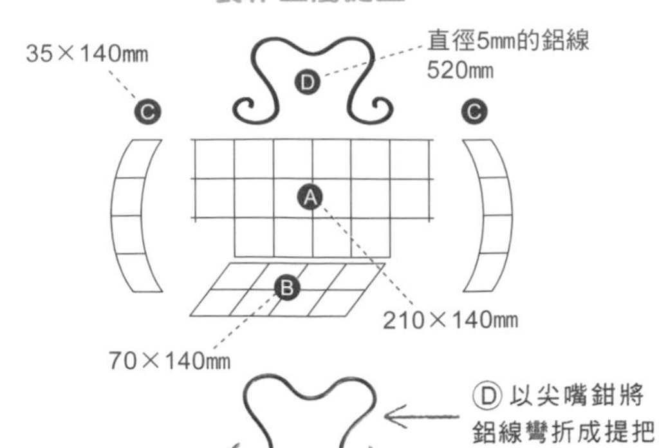

1 將金屬網架Ⓐ放在後面，Ⓑ放在底部，Ⓒ放在兩邊，以不鏽鋼線固定。Ⓓ提把安裝在Ⓐ的上緣。依照以上的步驟共作出2個提籃架構。

打造正面與側面的花紋

2 將設計圖（參見P.92）描繪在一片穩熱板（甲）上，以微型電鑽機雕刻出花紋。

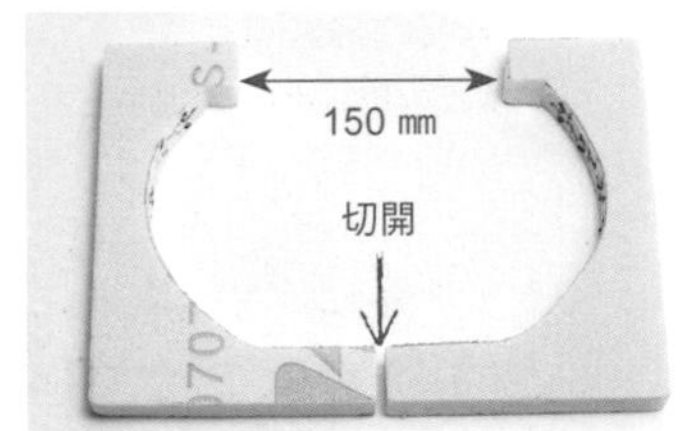

3 如圖，將穩熱板（乙）切出提包的外框形狀，兩邊的內側以2的方法刻出花紋。

灌模前先上蠟

4 將2和3的模板疊合，在（甲）及（乙）刻好的花紋上塗抹水性蠟，可避免水泥沾附在模具上。

提包形花盆

包包形的立體擺飾，提把造型優美。栽種華美的植物後，可放在庭園的花架上或椅子上，也可當作美好贈禮。

工具＆材料

①穩熱板
厚度25mm 220mm×320mm×4片
②金屬網架（依尺寸剪好）
210mm×140mm×2片/35mm×140mm×4片/70mm×140mm×2片
③鐵絲網 80mm×450mm
④鋁線
直徑5mm×520mm×2條
⑤不鏽鋼線

Ⓓ（※see figure）

水泥材料組（P.13）・山砂：9杯
・白水泥：4又½杯・水：600cc
・水泥強化接著劑：4又½大匙

工具＆其他材料・大調理盆・拌匙・油畫抹刀
・微型電鑽機（工藝用）・鐵絲鉗・美工刀
・尖嘴鉗・老虎鉗・養生膠帶
・畫筆・油性筆

設計圖　透明資料夾

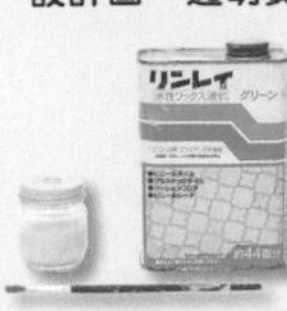

・**水性蠟**（參見P.82）
・分裝容器・畫筆

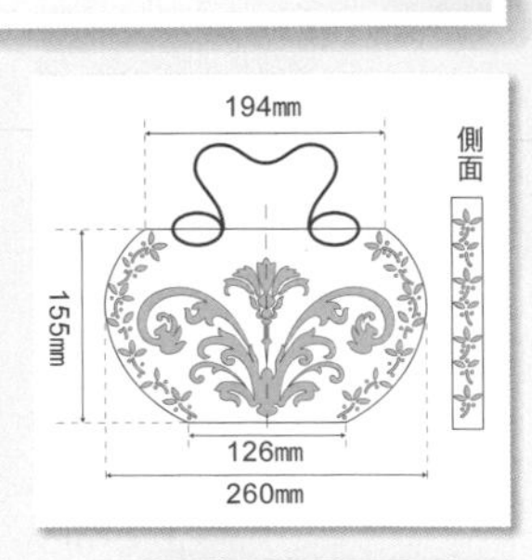

原寸紙型參見P.92

約略尺寸 25cm×26cm×12.5cm　難易度 ★★★★★
製作時間 約7小時

2 以尖嘴鉗扭轉不鏽鋼線，牢牢地固定底部的金屬網架，並剪除多餘的不鏽鋼線。

3 鐵絲網由上而下，安裝至單邊與底面的網架上，再由下往上，安裝至另一邊。

4 上緣兩側的鐵絲網以不鏽鋼線固定在金屬網架上，可使用尖嘴鉗幫助扭緊。

完成

脫模

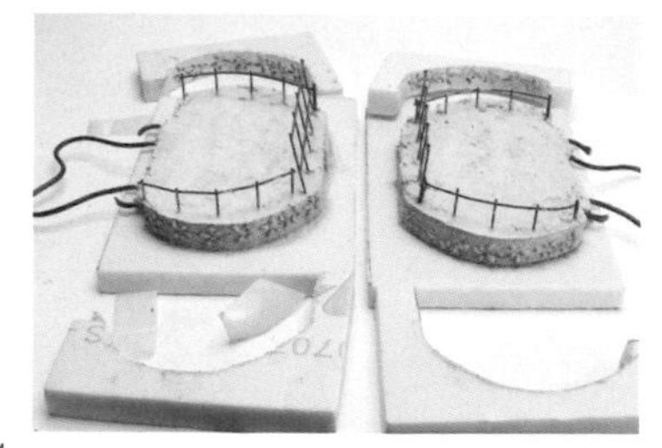

5 充分乾燥之後，小心地將穩熱板（乙）從側面取下。

6 小心地將穩熱板（甲）取下。

Step 3

組裝花盆

1 組合Step 2作好的兩組水泥提包，底部金屬網架重疊。

把手部分的鋁線
可捲上更細的鋁線，
再刷成金色，
營造華美的感覺。
適合栽種姿態
優雅的植物。

Step 2

灌模

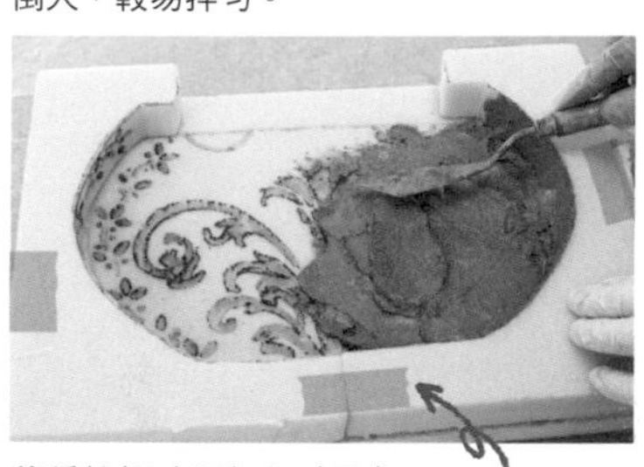

混合山砂＋白水泥＋水＋水泥強化接著劑，徹底攪拌均勻。材料可分成3至4次倒入，較易拌勻。

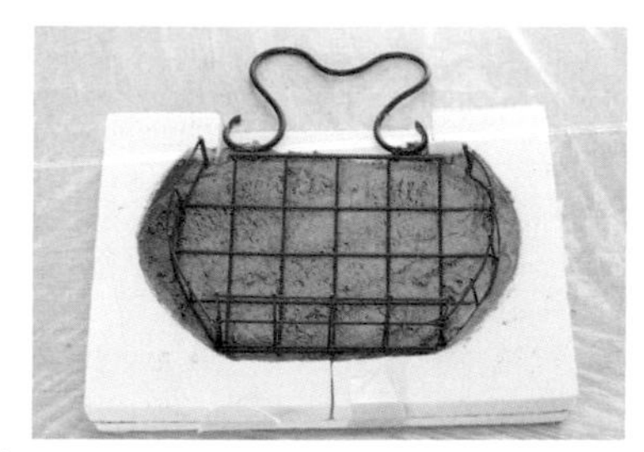

1 將穩熱板（甲）和（乙）以養生膠帶貼合後，填入水泥。

以養生膠帶貼合。

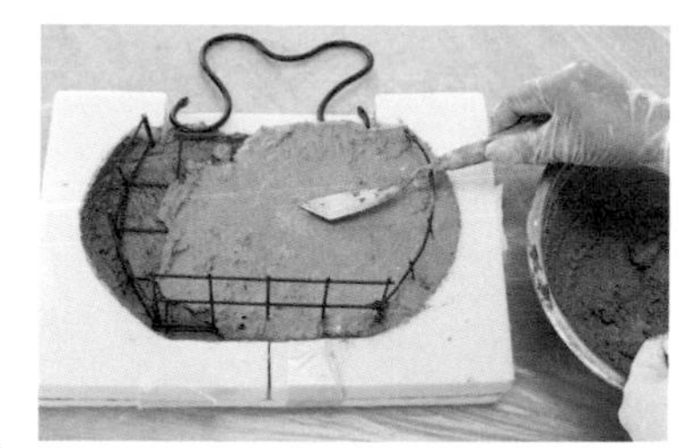

2 水泥填至模具約一半的高度後，放入Step 1的一個提包架構。

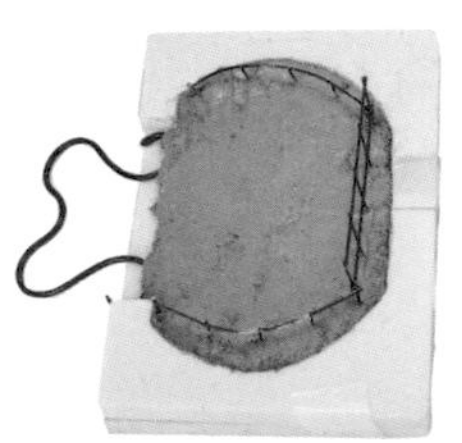

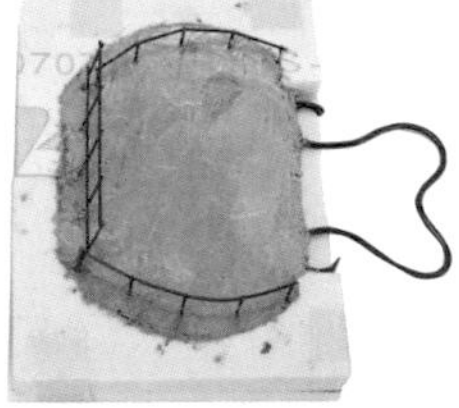

3 將水泥填在提包架構上。

4 以相同方法，完成兩組模具的灌模，靜置待乾。乾燥時間夏天約需3至4天，冬天則需要一星期左右，確保水泥完全乾燥。

刺蝟抱著可愛多肉植物，
放在花園的入口處，
歡迎入園來的每一個人。

刺蝟盆栽

工具&材料

穩熱板
厚度50㎜
200㎜×230㎜×3片
保麗龍切割刀
砂紙

水泥材料組（P.12）
・專用水泥：4杯・水：200cc
・水泥強化接著劑：4小匙／底漆用，適量

工具&其他材料
・大調理盆・拌匙・油畫抹刀・鋼刷
・保麗龍專用黏膠・美工刀
・尖嘴鉗・工作板・旋轉臺・油性筆　**設計圖**

上色材料組（P.22）
・底漆塗料・水性壓克力顏料・水・畫筆
・調色盤・保護漆

約略尺寸　19㎝×20㎝×14㎝　難易度 ★★★★☆
製作時間　約4小時

Step 1

製作基底

1 將3片穩熱板貼在一起。要黏合的兩面都要塗抹黏膠，膠稍微乾燥後，再將要黏著的兩片穩熱板貼合。

2 作出150㎝×200㎝×230㎝的穩熱板基材。

雕塑出刺蝟輪廓

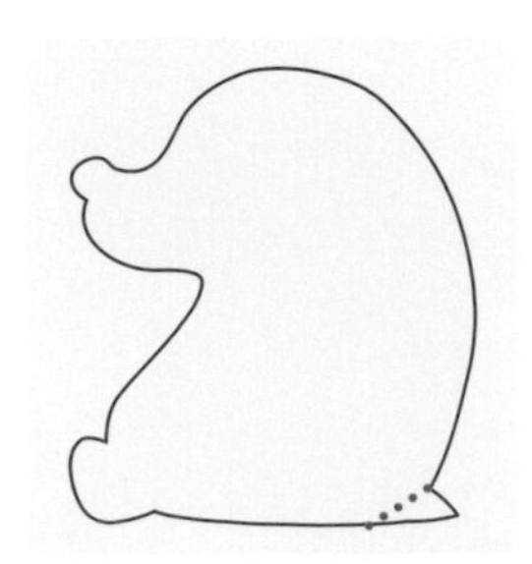

3 想像一下作品的立體形狀，在紙上畫出側面圖，製成紙型。

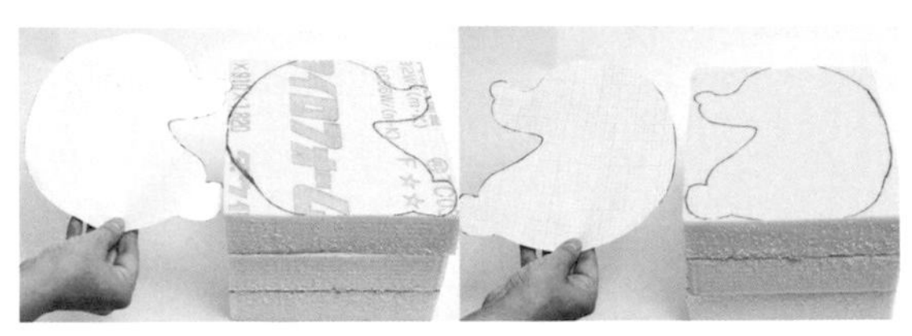

4 如圖，在2的穩熱板基材上下兩面，沿著紙型畫出圖形。

5 以保麗龍切割刀，依圖形線條將穩熱板大致切割成需要的立體形狀。

雕塑作品細節

6 以保麗龍切割刀慢慢塑造出刺蝟的立體輪廓。

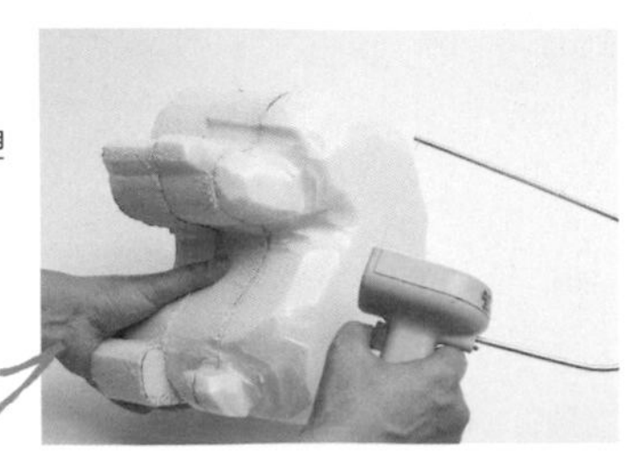

如果不小心切下太多的穩熱板，可以黏上重新調整。

advice

使用保麗龍專用黏膠！
不同廠商生產的黏膠，乾燥時間都不太一樣，請遵照說明書使用。

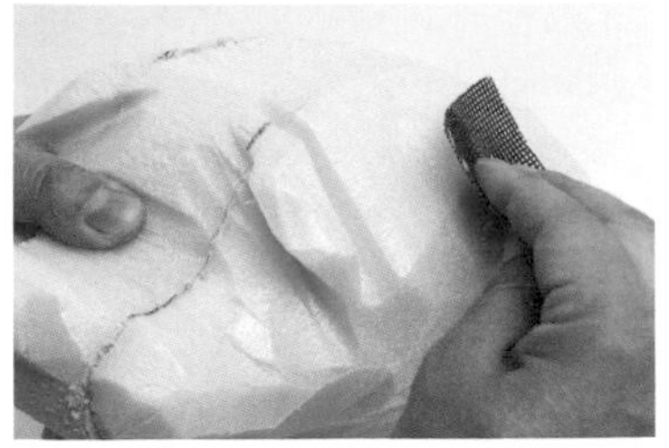

7 以砂紙調整細節處的形狀，同時作出凹凸線條，打造出刺蝟的耳、鼻、手腳。

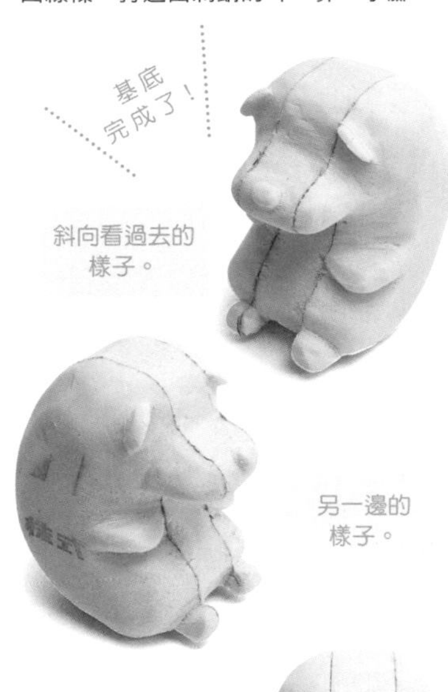

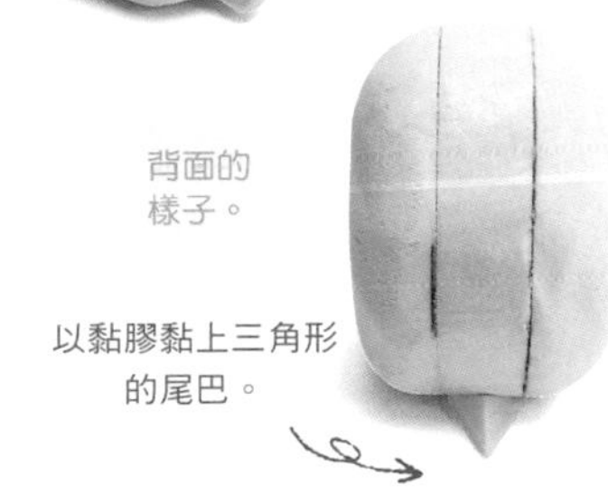

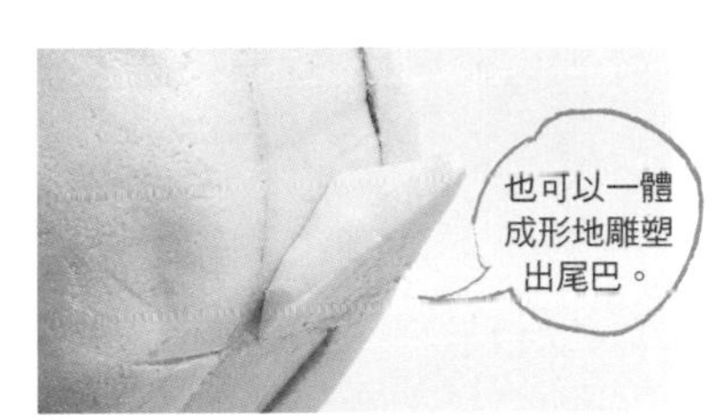

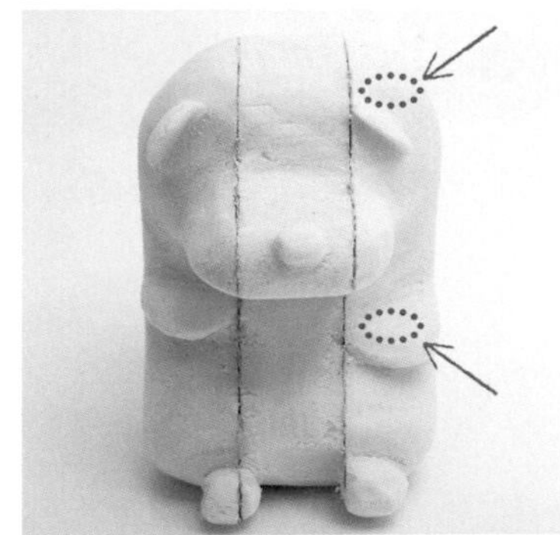

8 圖中紅色圈圈的地方先以美工刀或尖嘴鉗鑽好孔洞，以便將來種植多肉植物。

Step 2

塗抹水泥

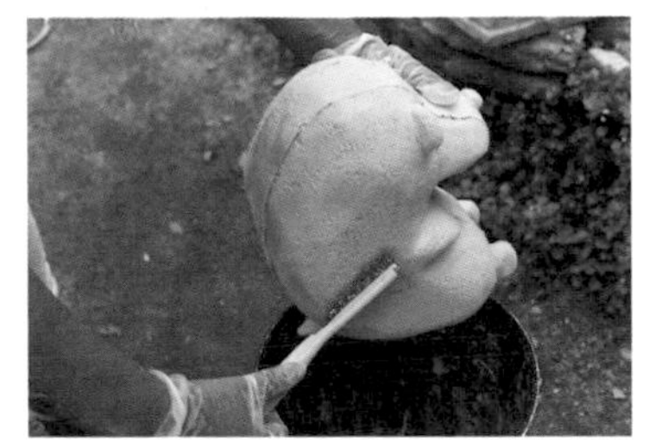

1 以鋼刷刷基底表面，使表面變得粗糙，再塗抹水泥強化接著劑，待乾。

2 為了使細節部分也很美麗，水泥要一點一點、仔仔細細地塗抹上去。預備種植物的孔洞不要塗水泥。

靜置兩天，待水泥全乾。

Step 3

（上色＆繪圖）

1 先上好底漆塗料，再塗上喜愛的顏色，也不要忘記最後要上保護漆。

Step 4

栽種多肉植物

準備好多肉植物、專用土、鑷子、湯匙，思考植栽的配置。

1 以湯匙將多肉植物專用土填進種植用的孔洞裡。

2 以鑷子種入多肉植物，並以指尖輕輕按壓。

完成

有了多肉植物，
可愛度增加好幾倍！
要放在哪兒呢？
真令人期待。

忍不住想
一口吃掉的
多肉三明治

從孩子們的小鞋得到創作靈感。

將多肉植物
種在小靴子的
鞋筒中

將種植多肉植物的盆器作成法國麵包的形狀，
舉辦花園宴會時會變得更有氣氛。

不設限！
自由發想出令人開心的擺飾

在庭園裡，你能夠拓展出無限的可能性。
以充滿玩心的擺飾，創造出一個夢想中的風景吧！

只要學會打造立體造型的水泥雜貨，創作的可能性一下子就會變得相當寬廣。請先想像一下在花園裡放些什麼會覺得很棒呢？如果放上了這些物品，庭園會成為什麼樣的世界呢？……先在自己的腦海中構築一幅藍圖吧！

除了憑空想像之外，也可以從國外的風景圖、奇幻電影或繪本等擷取靈感，而能夠讓你自由發揮，將心中描繪的夢想世界「化為現實」的，正是各式各樣的水泥雜貨！

即使不使用真正的磚瓦或古董材料，只要掌握好上色技巧，就能仿製出逼真的作品！自製的水泥雜貨重量輕，費用也沒有很昂貴，一切都可能美夢成真，所以，儘管大膽作夢吧！

似乎能聽見
植物們的
合唱

活用曲線，創作出童話風格
的風琴盆器。

使用太陽能燈製成的「菇菇之家」。
有了它，庭院搖身一變成為奇幻世界！

想像有小矮人
住在花園裡

我家的毛孩子
最可愛！

此作品的原型
是一隻小學生飼養的貓咪。

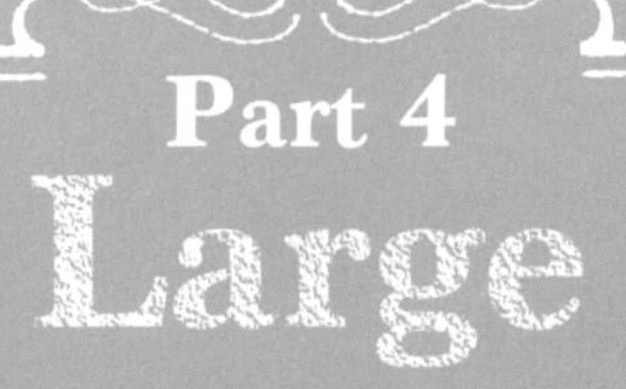

挑戰大型景觀裝置，打造庭園的萬變風情

庭園的背景牆或石磚壁等，
製作方法基本上也和中、小型作品一樣。
試著挑戰大型的作品吧！

←花園小屋，製作方式請見p.75

使用輕巧的穩熱板製作，
看起來卻像石造花臺。臺面裝飾著多肉植物，
搭配種在花盆裡的植栽，散發華美氣質。

※浮雕花盆的製作方式請見P.40

工具&材料

※尺寸參見Step 2-1

穩熱板
厚度50mm
鋁線
直徑25mm×
長350mm×16條
黏膠（保麗龍專用）
強力黏膠（透明）
烙鐵　設計圖

水泥材料組（P.12）
・專用水泥：4杯
・水：200cc
・水泥強化接著劑：
2大匙／底漆用，適量

工具&其他材料
・大調理盆・拌匙
・油畫抹刀・尖嘴鉗・老虎鉗
・美工刀・工作板・角尺
・油性筆・水泥抹刀・畫筆

上色材料組（P.22）・底漆塗料・水性壓克力顏料
・水・畫筆・調色盤・保護漆・油漆刷

約略尺寸　52cm×34cm×34cm　難易度 ★★★★☆
製作時間　約9小時

Step 1

製作裝飾用花紋

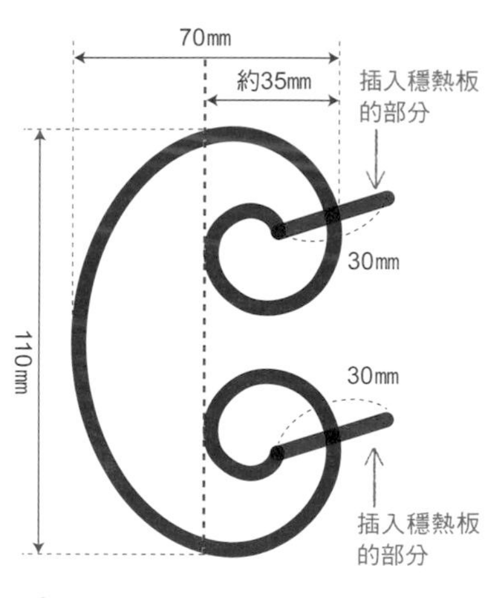

1 如圖，以尖嘴鉗彎折鋁線，作為花臺的裝飾紋路。

2 花臺前後左右共四面，每一面有四組裝飾，共需作四套。

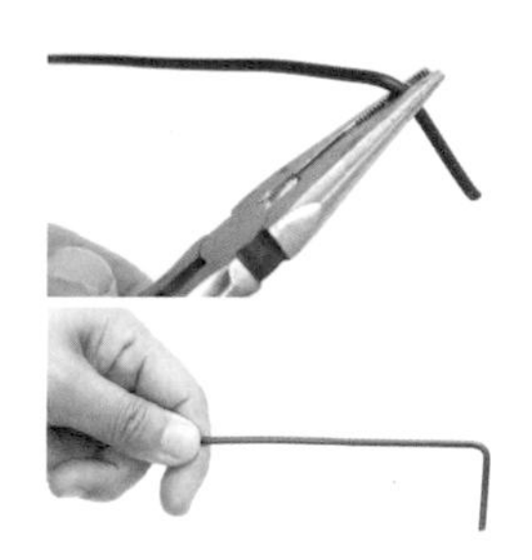

3 先以尖嘴鉗把要插進穩熱板的部分折成直角。

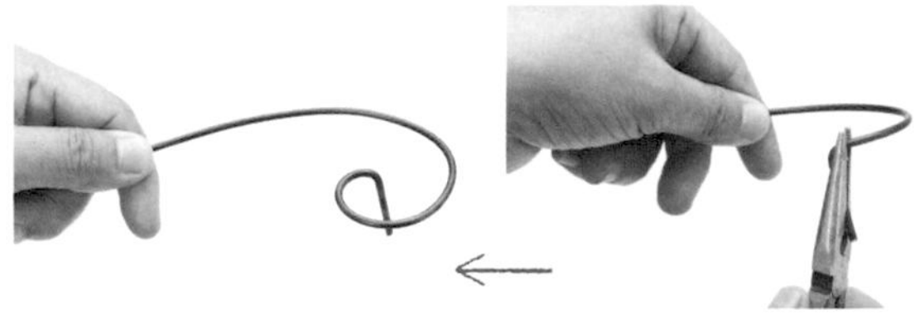

4 以尖嘴鉗夾著垂直下折的部分，將鋁線彎成一個圓圈。

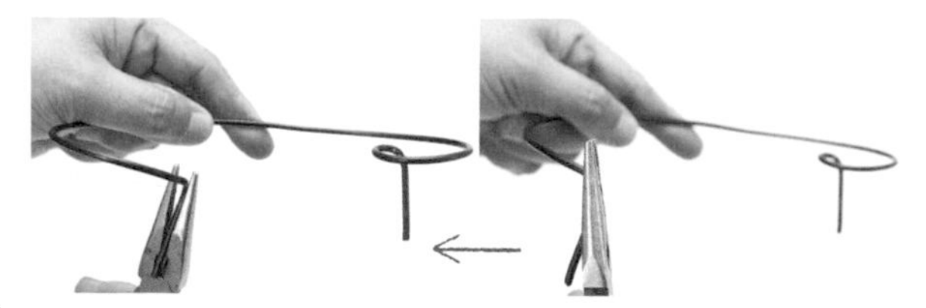

5 鋁線的另一端也以同樣的方式作出直角和圓圈。

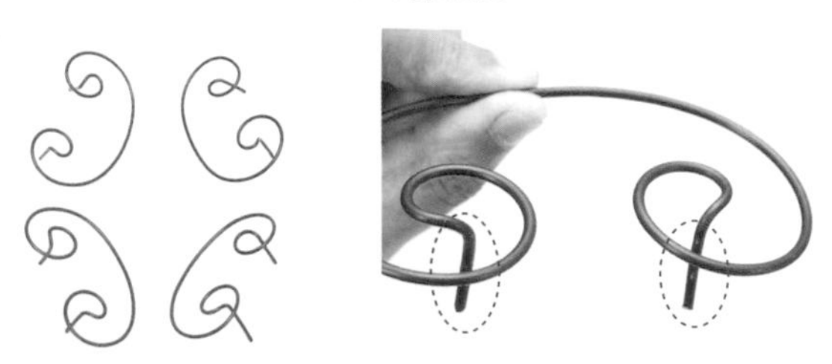

6 直角是要插進穩熱板的部分。以相同方式共作出16個花紋。

Step 2

準備基底板材

1 使用美工刀，依照以下標示的尺寸切割穩熱板。

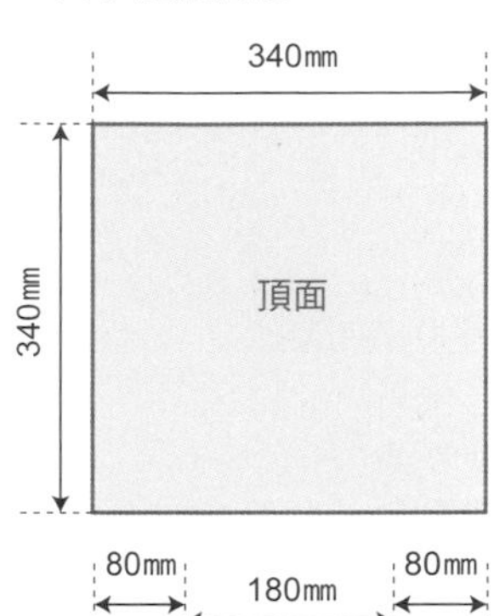

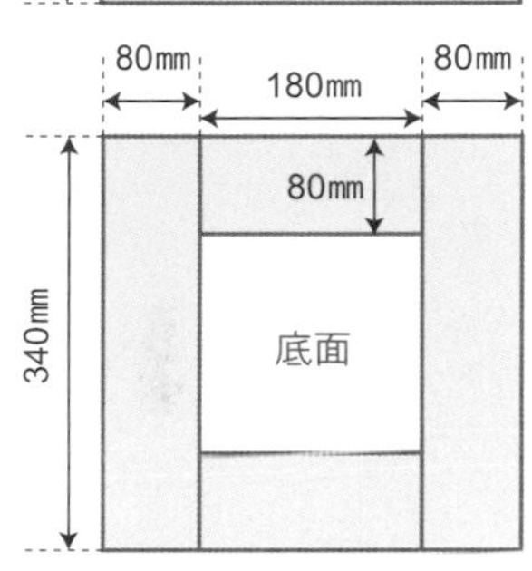

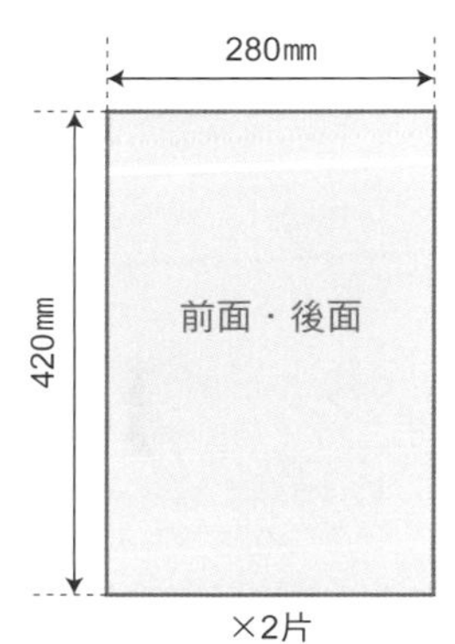

×2片

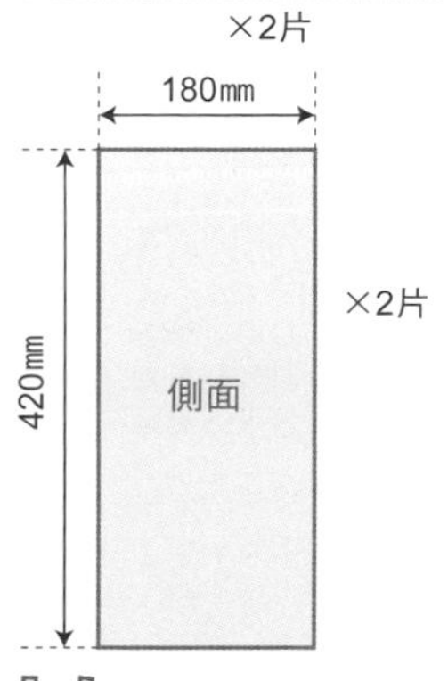

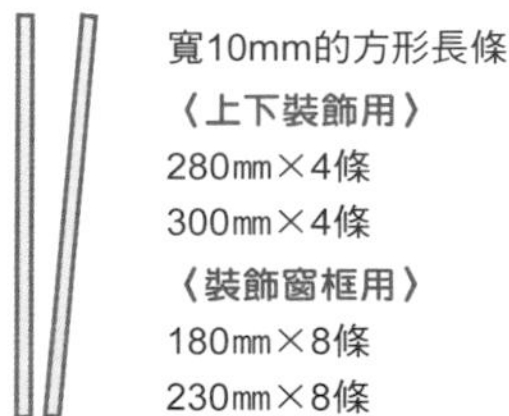

寬10mm的方形長條

〈上下裝飾用〉

280mm×4條

300mm×4條

〈裝飾窗框用〉

180mm×8條

230mm×8條

美化頂面板材

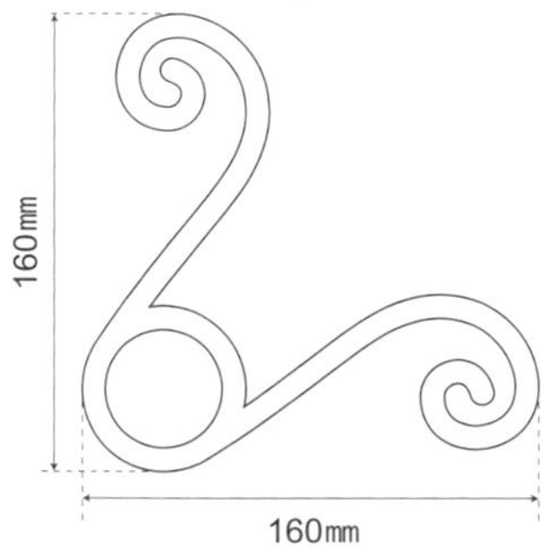

2 準備一張圖樣紙型。以影印紙畫好四張圖樣，將四張組合在一起，就成了頂面的裝飾紋路。

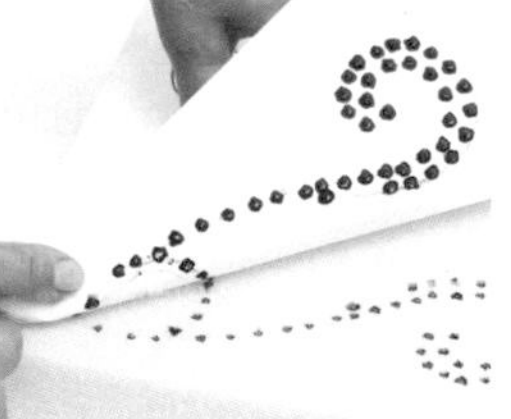

3 將紙型放在頂面上，以油性筆戳破紙張，在穩熱板上點畫出與圖樣大致相同的紋路。

4 在頂面一角粗略地點畫好花紋。頂面四個角都以相同方式畫上花紋。

5 沿著畫好的花紋線條，利用烙鐵的熱度進行雕刻。

6 圓圈的部分則以尖嘴鉗挖空，形成一個凹穴。

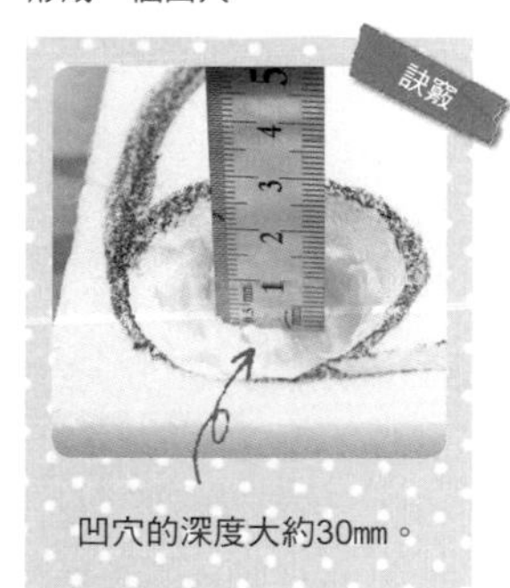

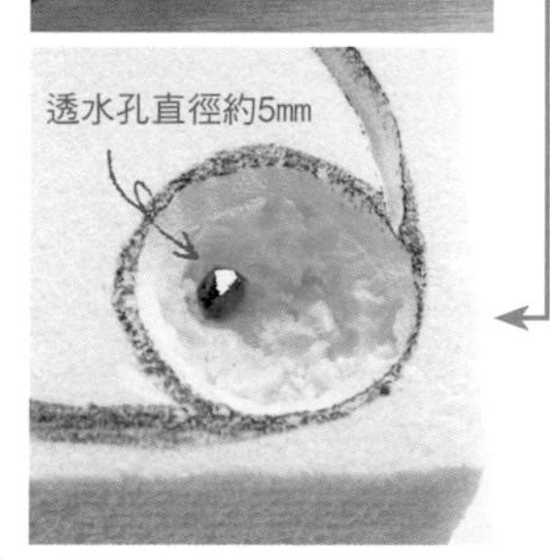

7 為了日後可在臺面上種植多肉植物，要在凹穴中開出透水孔。可使用烙鐵開洞，直徑約5mm。

頂面基底完成

組合前後面・側面板材

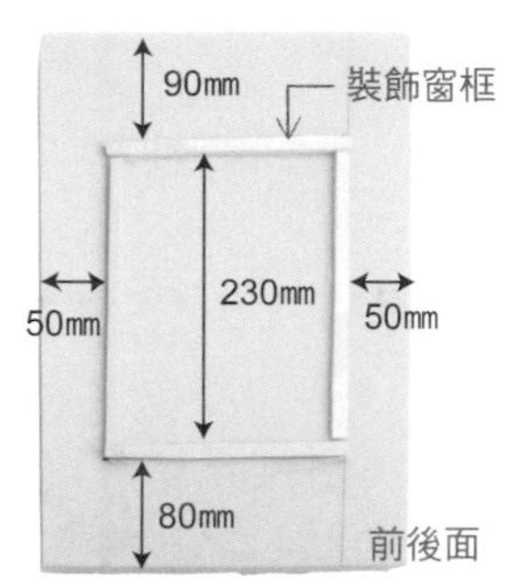

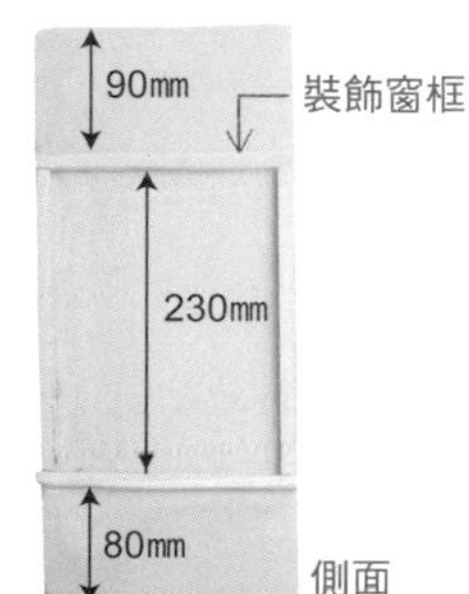

8 將裝飾窗框的穩熱板方形長條放在側面板上。前後面的板材上也放好窗框。

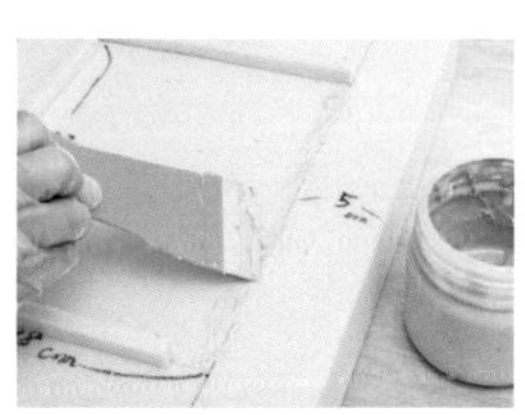

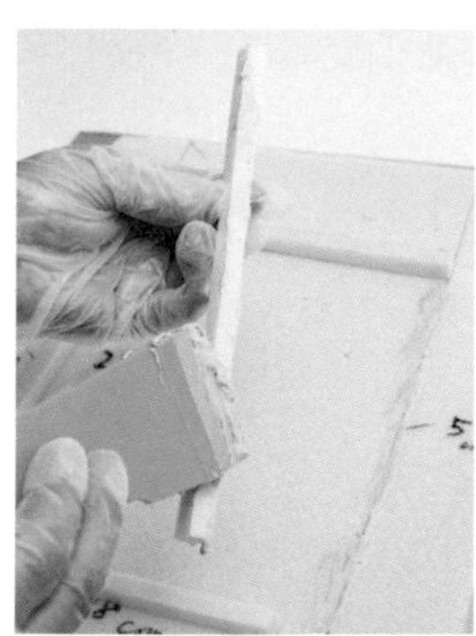

9 裝飾用的穩熱板方形長條及板面的黏合處都塗上黏膠，靜置1至2分鐘再貼合。

Step 3

以鋼刷製造粗糙感

1 除了頂面的溝紋和凹穴，以及壓地的那一面之外，其他的部分都要塗上水泥。塗抹水泥之前，先以鋼刷將穩熱板的表面刷得變粗糙。

將鋁線安裝到花臺四面

2 Step 1以鋁線作好了裝飾用花紋，將預定插入基座的部分塗上透明強力黏膠。

3 將鋁線插進基座上的裝飾窗框內，黏好固定。每一面要裝上4個裝飾花紋。

花紋安裝完成

花臺四面（前後左右）都以相同方式裝上花紋。

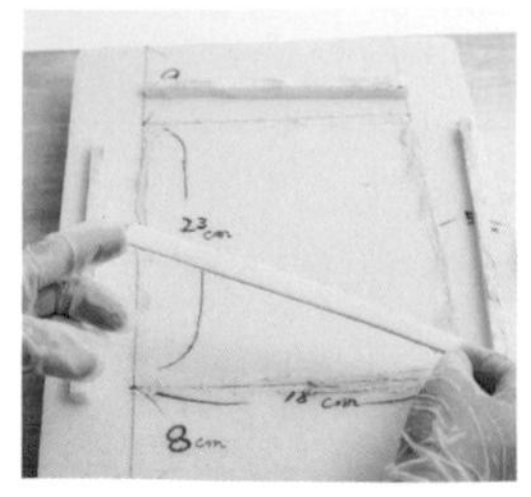

10 每一個裝飾窗框的四邊都貼好方形長條。

11 前後面與與側面的板材接合面都塗上黏膠，確實貼合。

12 前後左右四面板材貼合在一起的樣子（四面的裝飾窗框也都貼好了）。

安裝底面板材

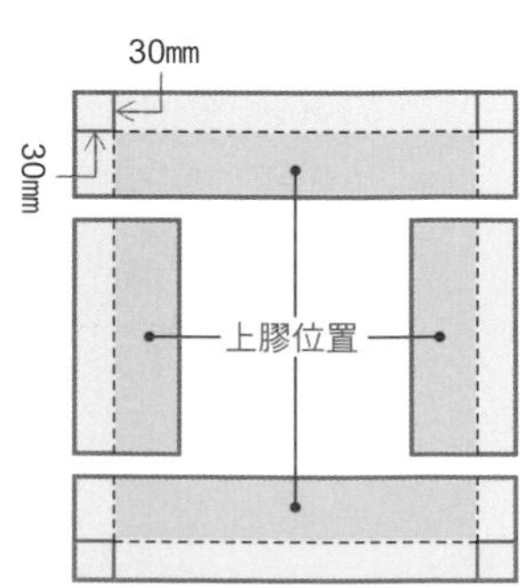

13 底面由四片穩熱板組成。預定作為外緣四角的地方先畫好邊長30mm的方形記號。

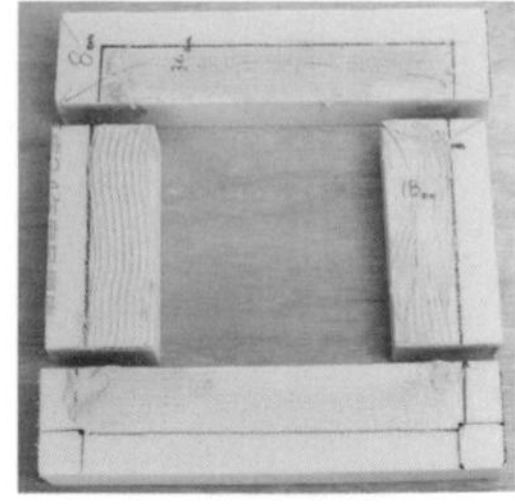

14 底面的四片穩熱板依13的圖示位置塗上黏膠。每一片的外圍留下約30mm寬不塗膠。

將底面板材擺放整齊

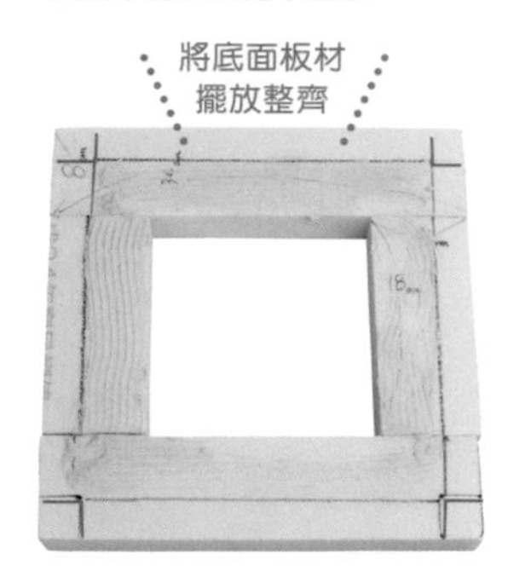

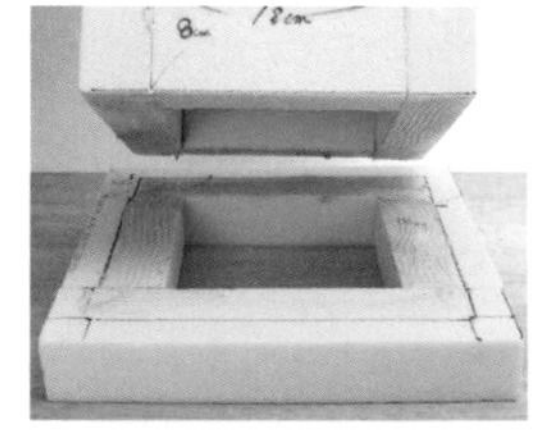

15 前後面、側面的板材底部也要上黏膠。

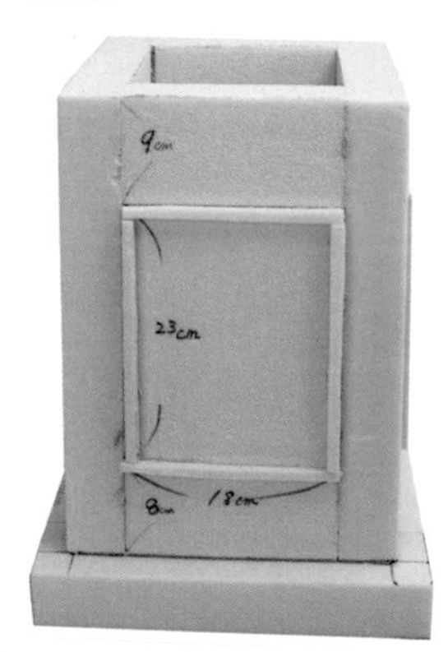

16 前後面、側面的板材緊緊地與底面板材貼合。

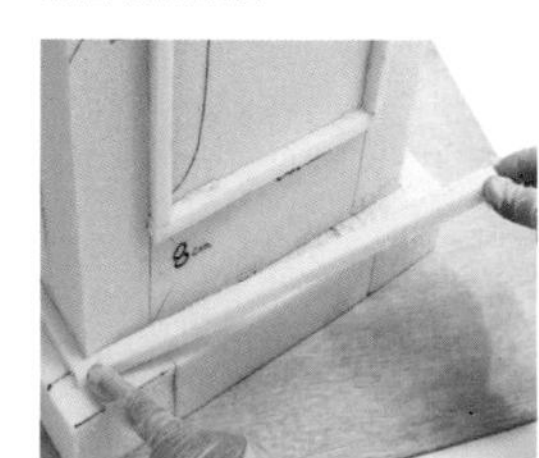

17 在16四面的貼合處貼上裝飾用的邊框。邊框使用寬10mm的方形長條，兩條長300mm，兩條長280mm。

安裝頂面板材

18 與13至16相同，頂面板材要上膠的地方先畫好記號，再黏貼到基座上。上下貼合的兩個面都要塗上黏膠。

19 在18四面的貼合處貼上裝飾用的邊框，一樣是使用300mm及280mm兩種長度的方形長條。

花臺基底完成

advice

裝飾用的方形長條

頂面和底面的裝飾用方形長條切面邊長10mm，長度有300mm及280mm兩種。貼合前請先試放一下位置，確認長度與位置後再以黏膠固定，避免黏錯邊。

Step 4

塗抹水泥

耐心地以吹風機吹乾

1 除了壓在地上的那一面，以及頂面的溝紋、凹穴之外，其他部分都塗上水泥強化接著劑，裝飾用的花紋鋁線也要塗，待乾。

2 以較大的水泥抹刀來塗抹調合好的水泥，塗抹時避免空氣跑進去。水泥厚度約6至7㎜。

訣竅

〈鋁線花紋〉線條空間較小的地方可使用畫筆抹開水泥。

〈圓弧轉角〉為了呈現立體感，可使用油畫抹刀仔細塗抹。

訣竅

為了避免在塗水泥時，不小心抹掉了裝飾線條，請一邊調整形狀，一邊慢慢地塗抹水泥。

3 完工之前，以沾濕的畫筆來調整較細緻的紋路，強化紋路的凹凸立體感。

水泥塗抹完成

4 臺面的水泥要抹平，預備種植多肉植物的溝紋及孔洞則不塗水泥。靜置，待水泥完全乾燥，所需時間依天氣和溫度有所變化，一般而言約需一天以上。

advice

優雅的復古色

要顯現出復古的氛圍，最推薦的就是暗琥珀色。以水稀釋顏料後，薄薄地塗一層，就會有宛如歷經風霜的年代感。再配合土黃色或氧化紅，整體就會有生鏽的斑駁感。可以進行各種嘗試，享受調色樂趣。

Step 5

上色

塗上白色顏料後待乾，約需1小時

1 塗抹水泥的部分全部塗上底漆塗料，塗料乾燥後再塗上白色顏料，靜置待乾。

暗琥珀色

土黃色

2 慢慢地上色，可使用較大的毛刷，但不要一大片地塗抹，可採用點畫的方式上色。待顏料乾燥後，記得上保護漆。

完成

花臺的頂面預留了孔洞和溝紋，在裡面種上多肉植物(參見P.21)吧！

金屬質感的花紋與山砂的色調
相互襯托，成為了如此美麗的畫框。

畫框擺飾

工具＆材料

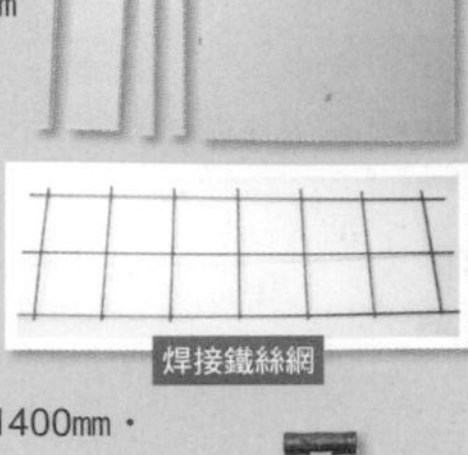

穩熱板 厚度25mm
Ⓐ基底用 長770mm×寬390mm
Ⓑ畫框左右側紋路用
660mm×22mm×2個
Ⓒ畫框上方內側紋路用 90mm×390mm
Ⓓ畫框下方內側用
20mm×390mm

焊接鐵絲網（加強畫框結構）
（鐵製，方格邊長150mm）
600mm×300mm

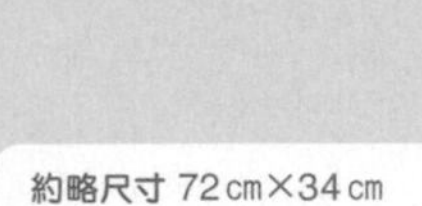
焊接鐵絲網

鋁線（製作畫框圖案）
直徑4mm×約2340mm・直徑5mm×約1400mm・
固定用的細鐵絲 直徑1mm×約2m

鐵鎚＆鉆座
水性蠟（參見P.82）・分裝容器・畫筆

金屬用底漆塗料＝Mityakuron等
（參見P.82）・分裝容器・畫筆

水泥材料組（P.13）・山砂：11杯
・白水泥5又½杯・水：550cc
・水泥強化黏著劑：3又⅔大匙

工具＆其他材料・大調理盆・拌匙
・油畫抹刀・水泥抹刀
・鐵絲鉗・微型電鑽機（工藝用）
・尖嘴鉗・美工刀
・角尺・工作板・圖樣
・透明資料夾・油性筆・養生膠帶

裝飾用花盆（4號盆）

約略尺寸 72cm×34cm
難易度 ★★★★☆
製作時間 約6小時

Step 1

製作強化結構的框架

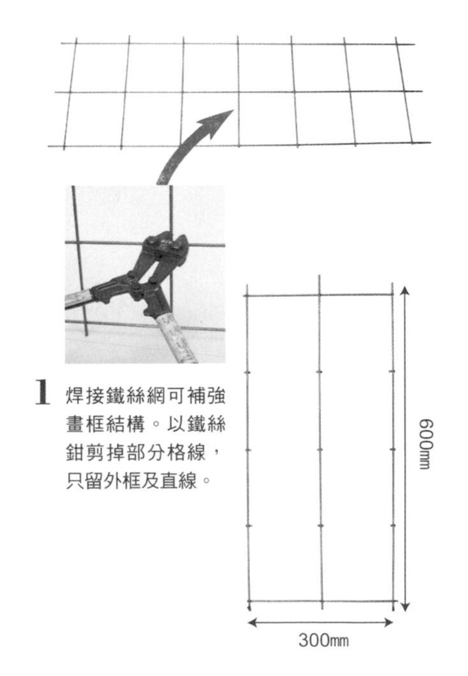

1 焊接鐵絲網可補強畫框結構。以鐵絲鉗剪掉部分格線，只留外框及直線。

準備裝飾用鋁線

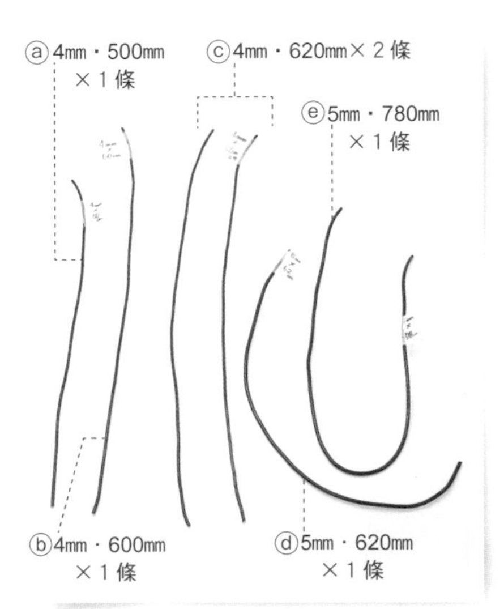

2 準備ⓐ至ⓔ尺寸的鋁線。
※可依照自己喜愛的圖樣，變更所需的鋁線尺寸。

以鐵鎚將鋁線的兩端敲成扁平狀，作品看起來會更顯金屬質感。

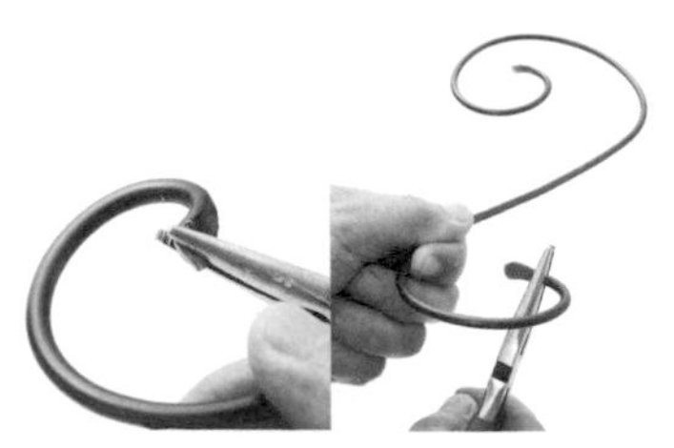

3 敲平所有鋁線的線端後，以尖嘴鉗夾住鋁線的一端，開始製作出圓弧形的花紋。S字兩端的圓弧大小要有所變化。

描繪上方正面及側面圖樣

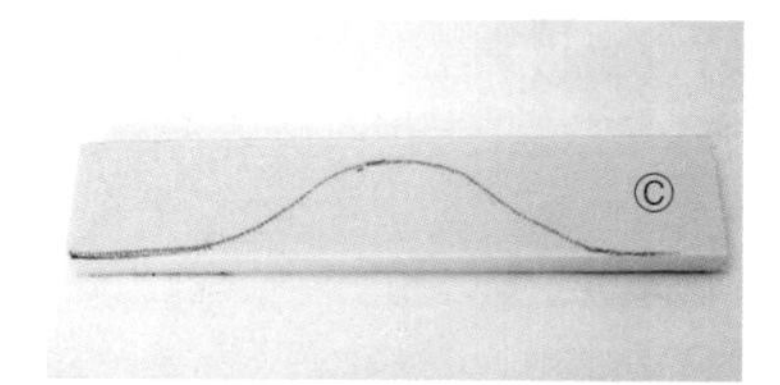

2 以油性筆在穩熱板Ⓒ畫出畫框上端的曲線，以美工刀沿線切割。

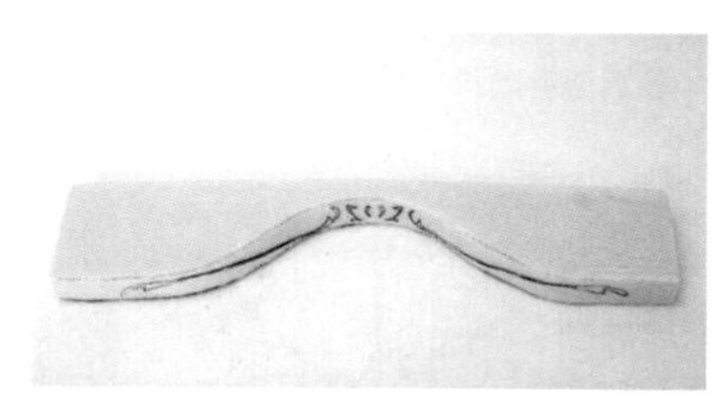

3 在切割面上繪製圖樣。

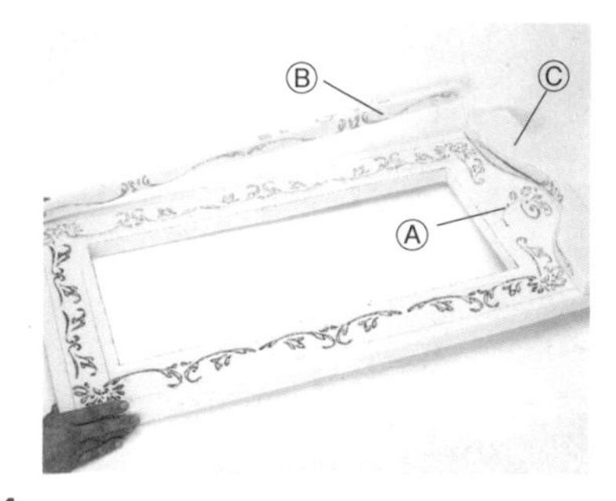

4 穩熱板Ⓑ的內側畫上圖樣後，放在Ⓐ上，以養生膠帶暫時固定。

5 將穩熱板Ⓓ放在Ⓐ下方，以養生膠帶暫時固定。完成模具的組合。

Step 2

設計畫框上的紋路

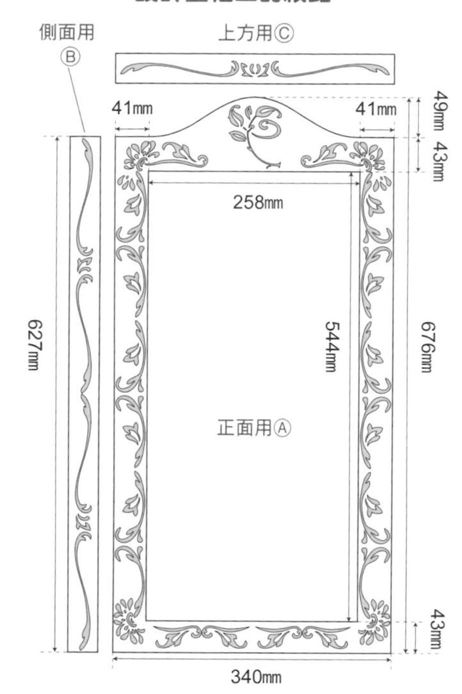

黃色部分要填水泥進去。

紋路設計圖參見P.93

在穩熱板上描繪花紋

1 在製作模具用的穩熱板Ⓐ的外框畫上圖樣，斜線部分則以美工刀割掉。

訣竅

在資料夾上畫好圖樣再鏤空，就能夠當作花紋的版型，方便將圖案轉畫到穩熱板上（參見P.92）。

4 暫時將**3**ⓐ至ⓔ的花紋放在**1**的補強架構上，調整好整體的平衡感。

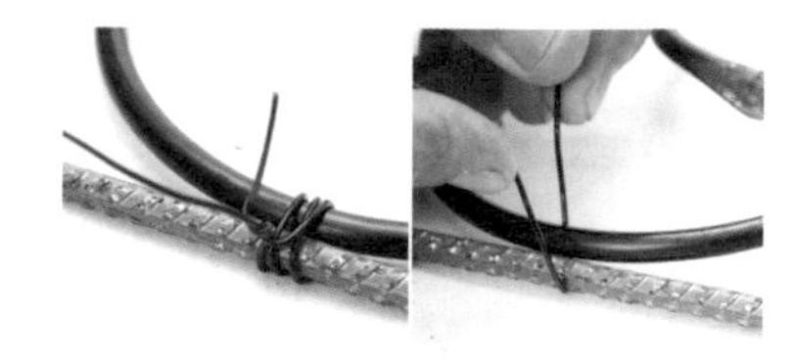

5 以細鋁線（1mm）將ⓐ至ⓔ的花紋固定到**1**的補強架構上。

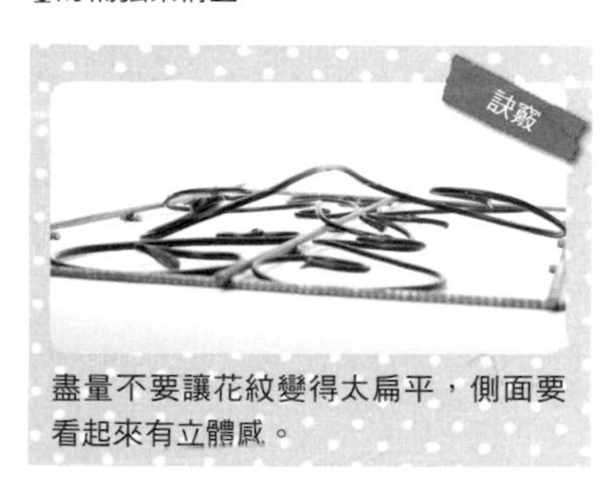

訣竅

盡量不要讓花紋變得太扁平，側面要看起來有立體感。

金屬花紋
安裝完成

使用一整片穩熱板來製作。
只要把一個一個的圓圈重疊起來，
就能成為一個高約48cm、寬約40cm的大花盆。

科茨沃爾德風大花盆

明明是個大花盆，
重量卻很輕，
實在令人開心！

工具＆材料

穩熱板：厚度20㎜ 910㎜×1820㎜（全板）

工具＆其他材料

・大調理盆・拌匙・油畫抹刀・美工刀
・圓規・直尺・油性筆・鋼刷・尖嘴鉗
・砂紙・保麗龍專用黏膠

水泥材料組（P.12）

・專用水泥：7杯・水：300至350cc
・水泥強化接著劑：2大匙多／底漆用，適量

上色材料組（P.22）

・底漆塗料・水性壓克力顏料
・水・畫筆・調色盤・保護漆

約略尺寸 48㎝×40㎝　難易度 ★★★☆☆
製作時間 約9小時

Step 1

advice

大圓的繪圖方式

有些直尺在0的位置上
有鏤空的圓孔，
很方便用來畫圓。

製作基底

共作24個圓圈。使用一整片穩熱板，可裁切出一個大花盆所需的分量。
※大圓圈當中可再裁出小圓圈，活用整片板材。

側面設計圖描繪方式參見P.87

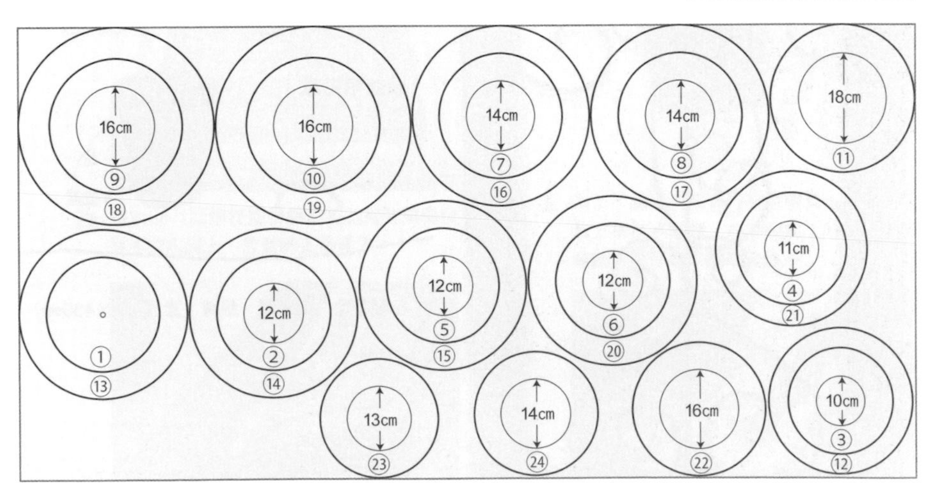

圓圈直徑：①23cm ②23cm ③21.5cm ④22.5cm ⑤23cm ⑥23cm ⑦25cm ⑧25cm ⑨27cm ⑩27cm
⑪29.5cm ⑫29.5cm ⑬34cm ⑭34cm ⑮34cm ⑯36cm ⑰36cm ⑱39.5cm ⑲39.5cm
⑳34cm ㉑31cm ㉒27cm ㉓24cm ㉔25cm （圓圈的輪圈寬約5至7cm）

1 以美工刀將穩熱板上畫的圓圈裁切下來。①是完整的一片圓板，預備用來作花盆的底部。

試著打造出科茨沃爾德的田園石牆

科茨沃爾德石材具有獨特的存在感。科茨沃爾德位於英國，這個地方帶有古英格蘭的氣息，目前仍有許多這一類的石材建築。石灰岩在日本又被稱為「萊姆石」，是非常熱門的庭園建材。創作時，使用象牙色、灰綠色或暗琥珀色的顏料營造陰影，會更接近真實石材的質感。

Step 2

製作石磚紋路&表面處理

1 以油性筆在基底上繪製石磚的直線。為了看起來像是石磚堆砌而成，上下直線要交錯。

2 以美工刀及砂紙削磨穩熱板，作出石磚的形狀，同時也調整花瓶整體的曲線。

3 完成**2**後，為了讓水泥強化接著劑較易塗抹，先以鋼刷將基底表面刷得變粗糙。

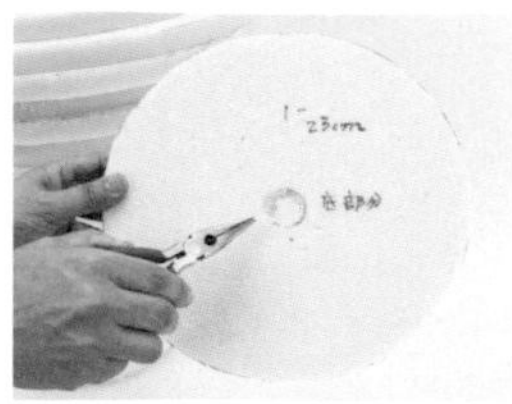

2 在底部板材①的中央，以尖嘴鉗開出透水孔，孔洞直徑約10㎜。

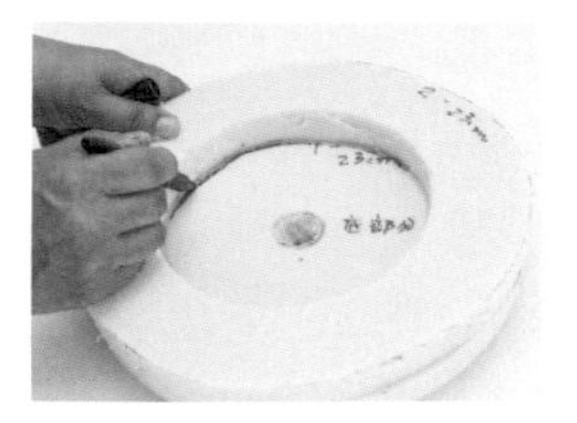

3 圈②放到①上面，以油性筆畫出內側的圓圈，作為塗抹黏膠的記號。

4 圈②與①的貼合面都要塗上黏膠貼合。接著以相同方法，將22個圈依照順序重疊貼合。

訣竅

請使用保麗龍專用黏膠。雖然黏合時會比較花時間，但是在黏膠全乾之前，還可以稍微調整板材的位置。

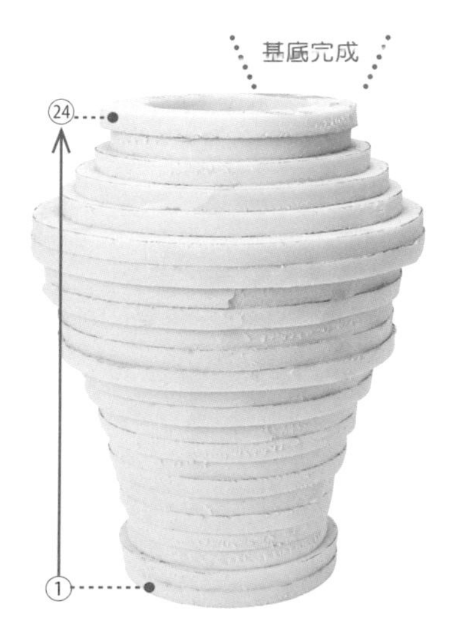

Step 3

塗抹水泥

1 在基底上塗抹水泥強化接著劑，待乾後再塗抹水泥，靜置1天以上，讓水泥全乾。

2 塗抹底漆塗料，待乾後以白色顏料打底，再以象牙色、暗琥珀色為主上色。顏料乾燥後，上保護漆即完成。

花盆裡栽種著
長葉的千年木、短葉的珊瑚鐘、
垂葉的常春藤，
雖然只有葉子，
卻如此華美迷人！
選擇自己喜歡的植物來組盆吧！

充滿魅力的老磚牆

以穩熱板及水泥打造而成，輕巧又明亮。
這是石板吊飾（P.37）的進階應用，
只需要基本的技巧就能完成。

工具＆材料

穩熱板
厚度20㎜ 910㎜×1300㎜×3片
鋁複合板 厚度3㎜ 910㎜×1300㎜×3片
鋁線 直徑2.5㎜×約1500㎜×3條

水泥材料組（P.12）
・專用水泥：29杯・水：1450cc
・水泥強化接著劑：
10大匙／底漆用，適量

工具＆其他材料
・大調理盆・拌匙・油畫抹刀
・量尺・角尺・電鋸或電鑽
・烙鐵・鋼刷・美工刀
・剪刀・油性筆
・保麗龍專用黏膠

上色材料組（P.22）
・底漆塗料
・水性壓克力顏料・水・畫筆
・油漆刷・調色盤・保護漆

縫隙材料組
・填隙專用砂漿・水・海綿

〔信箱用〕板子・木鋸・鉸鏈等

約略尺寸 1m30㎝×2m73㎝
難易度 ★★★☆☆
製作時間 約34小時

讓花園看起來截然不同！

Step 1

準備基底

1 準備穩熱板和加強用的鋁複合板，寬910㎜×長1300㎜各3片。鋁複合板先開好預備用來固定在牆壁上的孔洞，並且把鋁線也穿好。3片分別以相同方式處理。

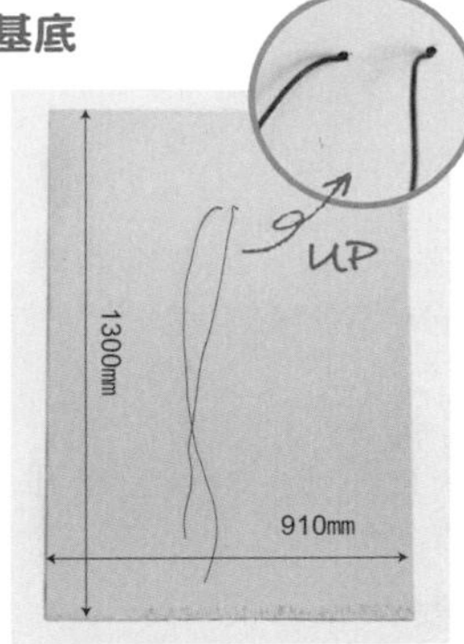

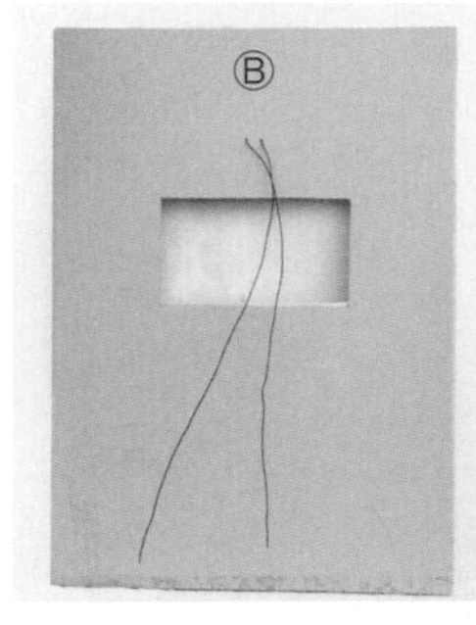

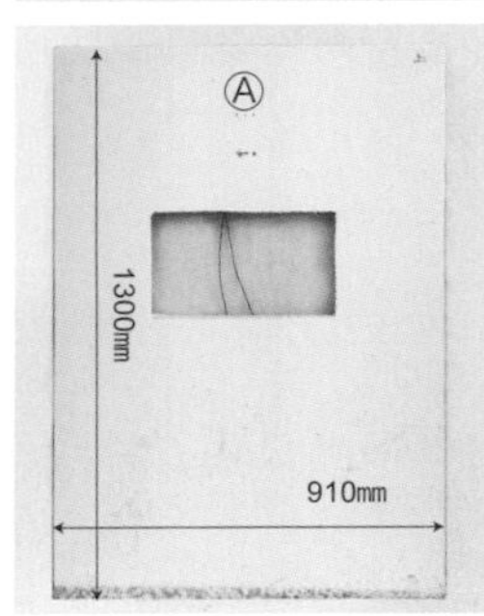

2 本範例中先確認好信箱要裝設的位置，並依信箱大小，在兩種板材上開好孔洞。鋁複合板要以電鋸切割，穩熱板則以美工刀裁切。以黏膠貼合穩熱板Ⓐ及鋁複合板Ⓑ。Ⓐ、Ⓑ各3片，兩種板材互相貼合，共製作出3組牆面基底。

描繪＆雕刻石磚紋路

3 以油性筆在穩熱板上畫出石磚線條（寬120至170mm×長100至120mm）。

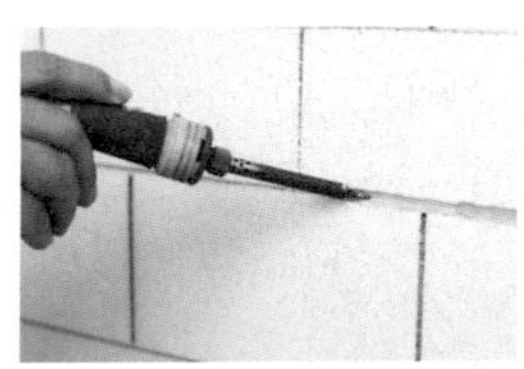

4 沿著**3**的線條，以烙鐵刻出溝紋。刻完後，以鋼刷將穩熱板表面刷得粗糙。

裝設信箱

以木板製作信箱，尺寸要比穩熱板上開的孔洞稍大一些。蓋子以鉸鏈安裝在信箱上。組裝時，以水泥專用或其他多用途的黏膠，搭配螺絲等零件，將信箱固定到牆面上。

Step 2

塗抹水泥

1 塗抹水泥強化接著劑，乾燥後再將水泥塗抹在溝紋之外的穩熱板上。記得將牆面稍作凹凸處理，使其看起來有石頭的粗糙感。靜置乾燥，約需1天以上。

上色

2 為了避免牆面失真，上色時先等上一層顏料乾燥後，觀察色調，再繼續上色。以象牙色及灰色為主，搭配一些土黃色，比較能營造出天然老磚牆的氣氛。

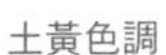

填補縫隙

3 塗抹填隙專用砂漿（2杯＋水100cc），多餘的砂漿填補材料以海綿沾水擦掉。

安裝到牆壁上

4 利用Step 1穿好的鋁線，將作品綁在真正的牆面上。

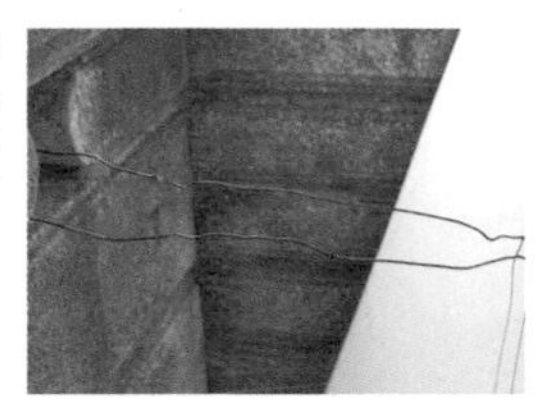

安裝前預視整體的模樣

將作品整理排列，看起來很符合期望中的模樣唷！

學會製作迷你屋的方法，
就能應用在更大的作品上。
請務必學起來！

工具＆材料

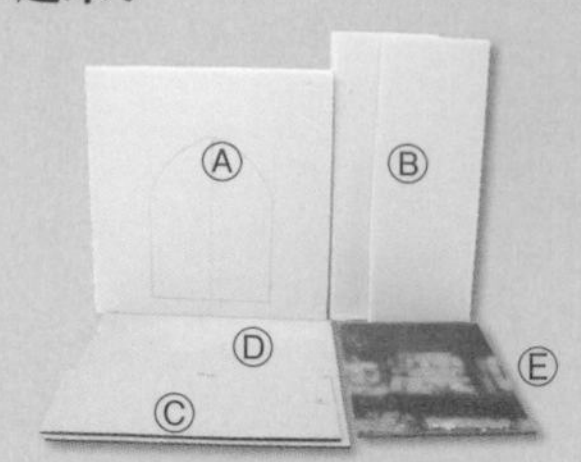

穩熱板 厚度30mm
Ⓐ正面用 400mm×400mm×1片
Ⓑ側面用 470mm×182mm×2片
鋁複合板 厚度3mm
Ⓒ底面用 400mm×215mm×1片
Ⓓ背面用 400mm×470mm×1片
Ⓔ屋頂用水泥板 425mm×260mm

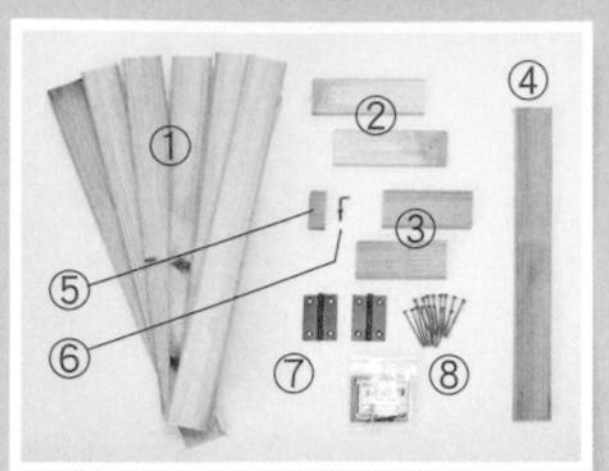

門板木片組
①門板片：厚度7mm
寬30mm×長282mm×6片
②裝飾木片：厚度7mm
寬30mm×長90mm×2片
③厚度7mm 寬30mm×長70mm×2片
④厚度7mm 寬30mm×長272mm×1片
⑤門閂用：厚度7mm 寬約12mm×約30mm ⑥帶鉤螺絲：門閂用×1
⑦鉸鏈：38mm×4
⑧螺絲（細長款）約40mm×8個 約10mm×23個

水泥材料組（P.12）・專用水泥：8杯・水：400cc
・水泥強化接著劑：8小匙／底漆用，適量

工具＆其他材料
・大調理盆・拌匙・油畫抹刀・設計圖（依比例縮小）
・美工刀・筆刀・鋼刷・角尺・烙鐵
・木鋸・電鑽
・保麗龍專用黏膠・油性筆

JOLYPATE塗料

迷你屋內部用：JOLYPATE塗料（參見P.82）
上色材料組（P.22）・底漆塗料
・水性壓克力顏料・水・畫筆・調色盤・保護漆等
縫隙材料組・填隙專用砂漿・水・海綿

約略尺寸 40cm×47cm×22cm 難易度★★★★★
製作時間 約15小時

Step 1

製作基底

1 依比例畫出縮小版的設計圖。

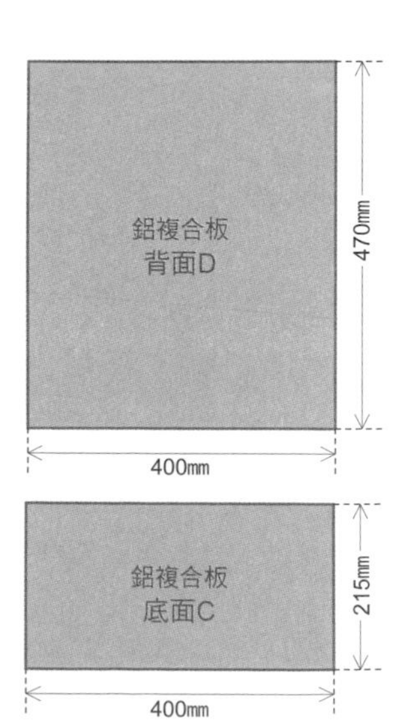

水泥板
屋頂E
425mm
260mm
側面B
前面A
側面B
282mm
400mm
470mm
240mm
400mm
182mm

2 將屋頂之外的板材皆以黏膠貼合。

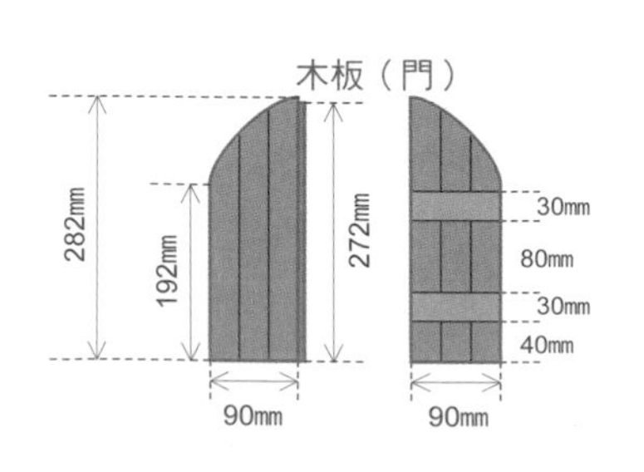

2 約2至3小時後，屋頂的水泥呈現半乾燥狀態，以筆刀刻劃出屋瓦的形狀。

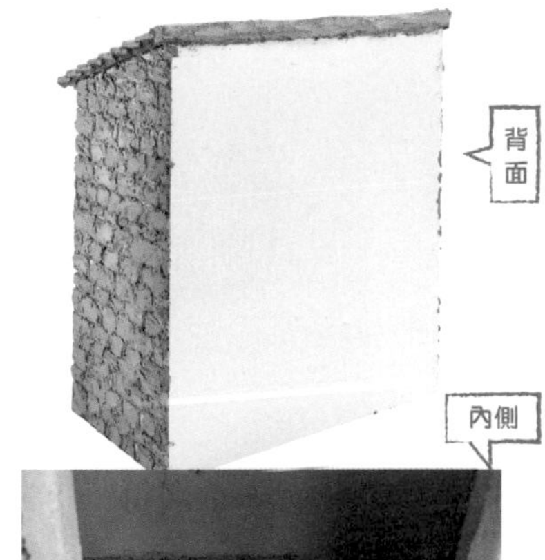

3 正面、側面和屋頂塗好水泥的樣子。房屋內部的地板上也塗水泥，半乾時，以筆刀刻出裝飾線條。水泥全乾的時間約需1至2天以上，請根據天候及溫度調整乾燥時間。

advice

筆刀的使用方法&石瓦的雕刻訣竅

筆刀的刀刃只要橫拉就會刻出細線，直拉則會刻出寬線。雕刻石磚時，縱向的線條就以刀刃直拉，其他部分就橫向雕刻。石瓦的重點則在於兩邊的形狀，可使用刀尖仔細琢磨。

7 水泥強化接著劑乾燥後，將屋頂以黏膠貼合到屋身上。

8 將屋頂放上去的樣子。

Step 2

塗抹水泥（參見P.47）

1 將水泥塗抹在牆面上，約塗3㎜厚。屋頂的水泥板也要塗抹水泥。屋頂水泥半乾的時候，繼續進行**2**。

打造石牆造型，參見P.46

3 畫出牆面的石磚紋路。

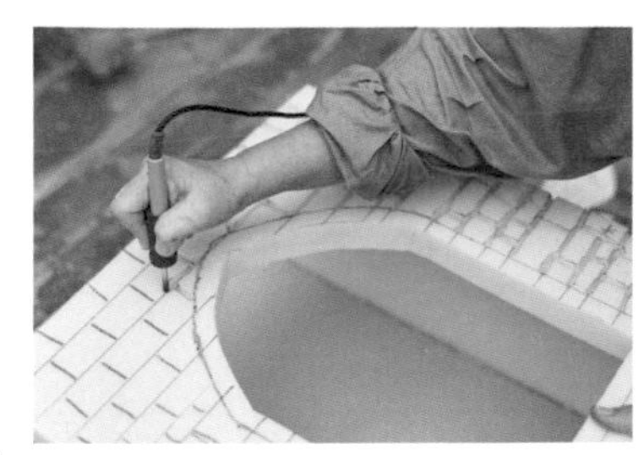

4 沿著紋路，以烙鐵刻出溝槽。

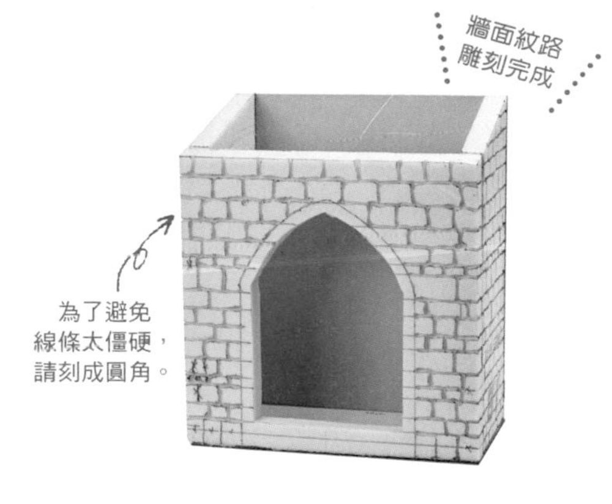

塗抹水泥

5 以鋼刷處理所有牆面的表面，使其粗糙。

6 在**5**的表面塗抹水泥強化接著劑，待乾。

Step 3

上色（參見P.48）

1 將底漆塗料塗抹在水泥上，待乾。

2 屋子內部的背面牆及側面牆都抹上JOKYPATE。

3 以仿製古老紅磚牆的概念來上色。

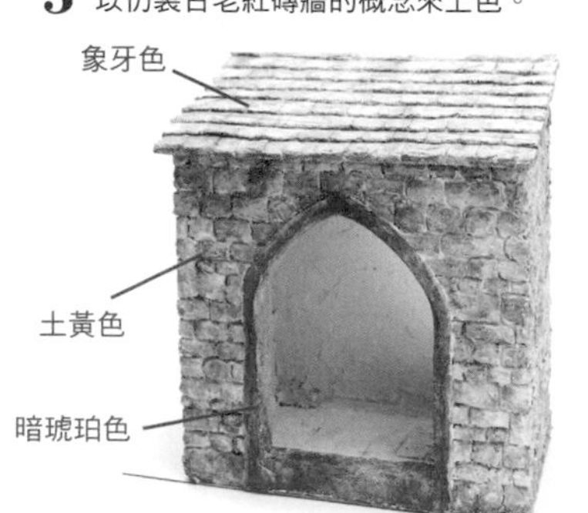

4 以暗琥珀色及土黃色為主，並以象牙色作為打亮的顏料。

5 將填隙專用砂漿填入牆磚間的縫隙。以打濕的海綿將縫隙中的砂漿壓緊。

Step 4

裝設門板

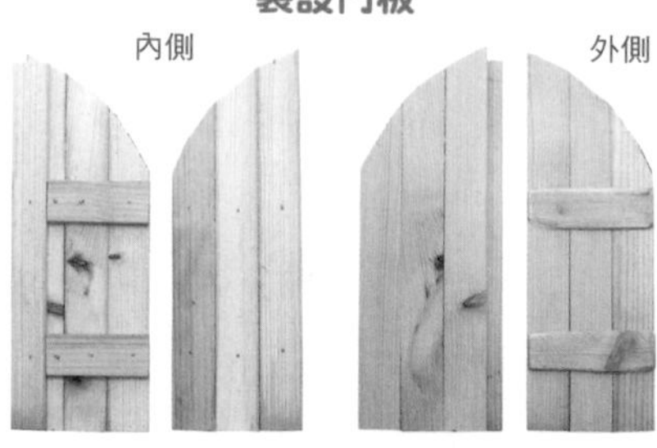

1 將木片組合成門板的形狀。以黏膠將門閂片先貼到門板上，也可直接以螺絲固定。

2 上色。

先以10mm的螺絲將鉸鏈固定在門板上。

3 將40mm長的螺絲沾上黏膠後，以電鑽將裝好鉸鏈的門板固定到迷你屋上。

完成

小屋裡要放些什麼呢？
季節性花草？
水晶燈？
可以放進喜愛的物品，
享受搭配的樂趣。

應用製作迷你屋的技巧打造出令人驚訝的質感花園裝置

大小約為迷你屋的6倍大，
除了可裝飾花園，也是實用的小型倉庫。

製作要點 使用現有的金屬置物架作為基底。請配合金屬架的尺寸來決定小屋的大小。將穩熱板貼在金屬架上時，必須完全包覆金屬架。小屋門板內側的掛鉤，建議在安裝門板之前就先設置上去。螺絲請選用不會從門板正面穿出的長度。

約略尺寸 79㎝×36㎝×1m30㎝

難易度 ★★★★★

製作時間 約27小時

製作要點

將切割為橢圓形的穩熱板安裝在鋁複合板上。作品正面有美麗的花紋，製作技巧請參見P.60復古花臺。

約略尺寸 80㎝×60㎝
難易度 ★★★★☆ 製作時間 約8小時

◀中央預留孔洞，預備吊掛花籃。整體呈現復古色調，充分展現優雅氣氛。

懸掛式花籃背板

應用先前所學的技巧，吊掛花籃的設計一下子變得好高級！

吊掛花籃裡種了喜愛的植物，放上美麗的背板更令人開心。試著延伸出更多的創作點子吧！

▼鏡面使用輕巧不易損壞的壓克力鏡。

吊掛花籃用的孔洞

吊掛花籃的位置

製作要點

將穩熱板貼在鋁複合板上，鑿出窗框，應用迷你屋（P.72）門板的製作技巧，打造出一扇引人注目的窗戶。試著仿西洋屋瓦的樣式製作遮陽板，將厚度50㎜的穩熱板削成波浪狀即可組合而成。

約略尺寸 85㎝×75㎝
難易度 ★★★★★ 製作時間 約10小時

製作要點

應用鋁複合板製作石板吊飾（P.37）的方法，創作出科茨沃爾德風格的作品。將大小、厚度及寬度不一的穩熱板以黏膠貼合。

約略尺寸 87㎝×77㎝
難易度 ★★★☆☆
製作時間 約8小時

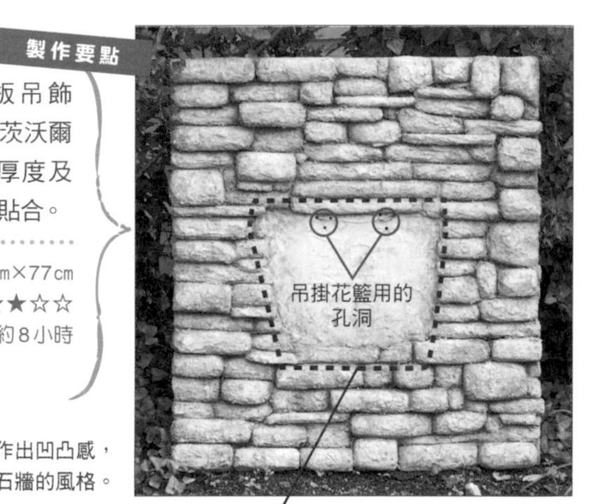

▶在穩熱板上製作出凹凸感，帶出自然石牆的風格。

吊掛花籃的位置

為懸掛式花籃加上背景，視覺立即耳目一新！

以水泥製作背板，再掛上花籃，就成為木板或矮牆上的美麗風景。有了背板，吊掛花籃能夠被襯托得更美，整體空間也會更有故事感。

整個作品要盡量輕巧。雖然也可使用真正的木頭來製作背板，但是如果加上吊掛花籃本身的重量，整個作品就會很重，必須確實靠在牆上。背板愈輕愈好，所以建議使用穩熱板作為基底，再以水泥雕琢，輕易就能實現心中所構思的背板樣式。

吊掛花籃請避免直接掛在穩熱板製成的背板上。花籃和背板要分別以鐵絲固定在真正的牆面上，分散重量。

只要用心，一定做得到！

不斷磨練創作手法，打造理想的花園水泥雜貨！

為素樸的立水栓裝上外殼，立即就成為花園中的主角。
試著使用稍微困難的技巧，打造出有個性的裝飾物吧！

▲水龍頭也是非常重要的視覺焦點，請選用有設計感的款式。

立水栓外殼

製作要點

穩熱板不吸水，隔熱性也好，可活用這種材料的特性進行創作。測量立水栓的高度、寬度，準備好背面、正面及上方三部分的零件。正面零件要確實測量水龍頭的位置。上方零件則先鑽好孔洞，之後可種植多肉植物等，打造出時髦的流行風格。

約略尺寸 30㎝×67㎝
難易度 ★★★★★　製作時間 約8.5小時

※使用厚度約30㎜的穩熱板

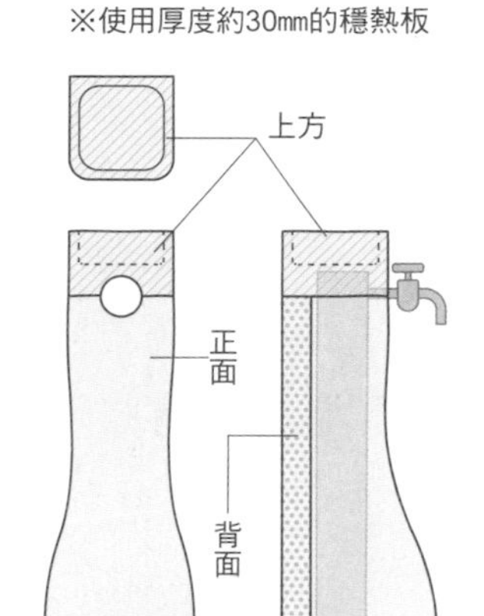

較重的作品，記得使用金屬網架或鐵網強化結構

熟悉水泥雜貨的製作之後，創作點子會愈來愈廣泛，靈感一定會源源不絕。水泥雜貨的外型幾乎沒有限制，不過有些設計可能無法承受水泥本身的重量。這個時候，穩固作品結構就變得非常重要。

強化結構的基本方法就是將金屬網架或鐵網埋進水泥當中，尤其是沒有其他基底，只使用水泥塑造作品時，使用強度較高的焊接鐵絲網，會比較容易定型，也不容易崩塌。

以焊接鐵絲網製作骨架（參見P．64）雖然需要一些技巧，但順手之後就可以試著挑戰不同的作品，非常有趣！

小鳥戲水盆

製作要點

將水泥塗抹在作為骨架的金屬網架上，作出基底。乾燥1天以上，再重複塗抹水泥，調整、塑造作品的形狀。

約略尺寸 直徑約55㎝
難易度 ★★★★★
製作時間 約9小時

◀放在鋼製花架上，更能凸顯作品形狀的奇趣。

※試著打造圓錐屋頂小屋，可應用迷你屋（P.72）及科茨沃爾德風大花盆（P.68）的製作技巧。

花草+水泥雜貨
=夢幻英格蘭鄉村花園

應用迷你屋的創作方法，作出可製造景深的小屋……
這些作品需要較進階的技巧，門牆和拱門都是以水泥及金屬基架製成。

以水泥雜貨打造充滿原創性的花園

水泥雜貨的魅力就在於自由創作。只要學會本書介紹的技巧，就可以挑戰各種水泥雜貨的製作，打造出夢想中的英格蘭鄉村花園，讓玫瑰及宿根草花盛開在令人憧憬的花園之中。

你可以應用迷你屋（P・72）的方法，在花園中設置一間石造風格的小屋，遮擋道路或屏蔽鄰居的視線。

石造風格小屋的製作要點

請事先確認想放置的場所，確認周遭是否有障礙物？或者置放之處小屋會不會變成障礙物？確實測量放置的空間大小，且為了可水平放置小屋，必須將地面整平。外牆使用整片的穩熱板，可節省切割的時間。作品的骨架以現成的金屬架等具穩定性的材料打造，比較省時省力。由於作品零件都比較大，水泥乾燥需要比較長的時間，因此建議在少雨、氣候穩定的時期分批製作。

施工／Piece of Mind

在花園中放置一個極具氣氛的大型作品，除了實用性之外，花園的印象也會因此截然不同。

也請千萬不能忽略安全性。創作時絕對不要太勉強，如果覺得有些迷惘，或評估自我的能力不足，就找專業人員商量，需要打地基或需要較高技術的部分，就交給他們吧！打造花園最大的「訣竅」就是「享受自己能做的部分」。請慢慢花一些時間，打造專屬於自己的花園吧！

拱門

石造門牆＆拱門製作要點

石造門牆是以復古花臺（P.60）的製作方法為基礎，同時也應用了老磚牆（P.70）的技巧。拱門則是將水泥塗抹在彎曲的金屬架上，水泥乾燥後再自行上色。由於門牆是支撐拱門的重要部分，因此要確實以混凝土來打造地基。拱門的骨架要先確實固定在門牆上，裝設好之後再塗抹水泥，待水泥充分乾燥後再上色。

石造門牆

※打地基、設置金屬骨架需要專業人員協助。

進一步瞭解
水泥雜貨

實用且便利的材料&工具

本單元分享作者原嶋早苗老師常備的工具與材料。
依照自己想作的作品需求，備齊工具和材料吧！
熟悉了DIY的技巧之後，很多東西就能應用自如了。

工具

工具箱必備

微型電鑽機（工藝用）
適合使用於木工或塑膠等材質，可削切、打磨、開孔，修飾小地方非常方便。

熱熔膠槍
機器內部有加熱器，可將熱熔膠熔化，用來接合物品。

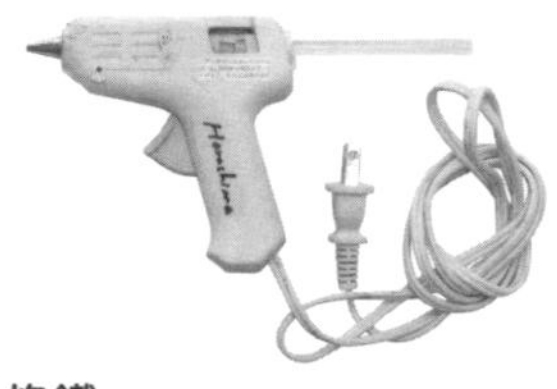

烙鐵
可將焊料（用來黏接金屬，或黏接金屬與其他材質）加熱，用來黏接物品。

保麗龍切割刀
屬於電動工具，通電後可將鎳鉻合金線或不鏽鋼線加熱，用來切割保麗龍等塑料品。

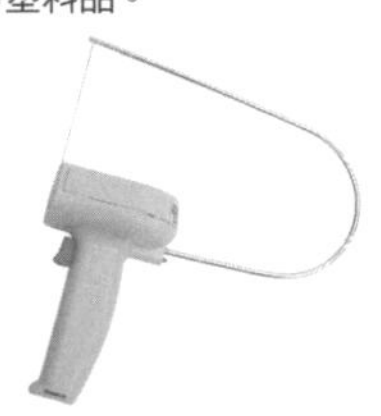

強化牆面的塗料

牆面完工塗料
推薦日本愛克工業的JOLYPATE系列產品，質地柔軟而堅韌，有優秀的持久性，也可防止髒污及裂痕。

屋頂的基底

水泥基底材料
「水泥板」同時具有極佳的防水性與防火性，作為建材能提高與水泥的密合度。可作為作品內部、外部的基底材料。
寬910mm×長1820mm

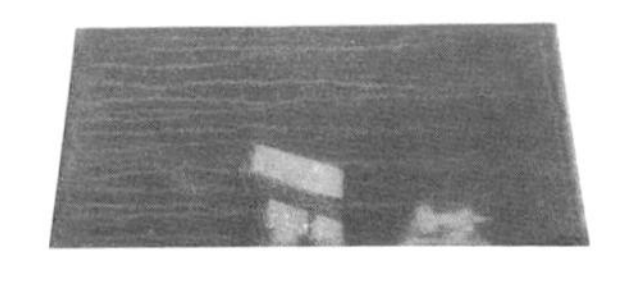

堅固的板材

鋁複合板
這是一種發泡聚乙烯夾鋁板的複合材料。輕巧美觀又持久，適合作為看板或裝飾板。
厚3mm/寬910mm×長1820mm

耗材

上色加工必備

底漆塗料
使用水性混凝土底漆塗料，具有黏膠性質，可強化物體表面與其他塗料間的密合度。

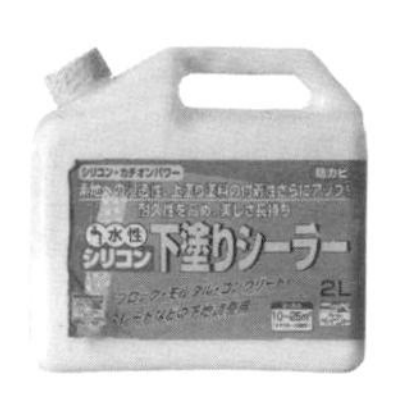

保護漆
（防紫外線保護塗料）
推薦使用水性抗UV保護漆，可抑制塗裝面褪色。具耐水性，可形成抗污的保護膜，使作品不易髒污。

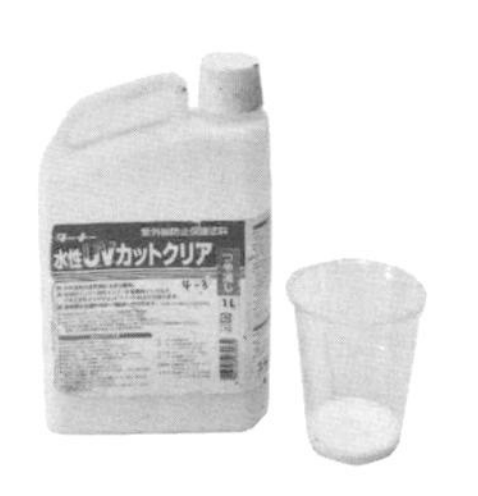

牆面裝飾必備

填隙專用砂漿
用來填補水泥、磁磚間的接縫，可修補裂痕，也可用來製作營造氣氛的紋路、圖樣。

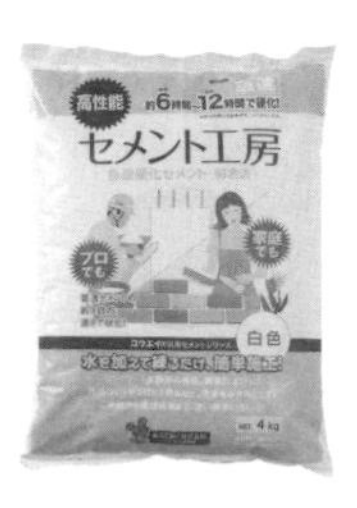

金屬類加工必備

金屬用底漆塗料
品名為Mityakuron，塗抹在金屬線等金屬類物品上，能讓顏料緊密貼合。塗抹後約靜置20分鐘至1小時，乾燥後就能在上面著色。

少量使用時…
可改用Mr. metal Primer
使用於組裝模型金屬部分上色的金屬用底漆塗料，具有和Mityakuron相同的效果。可於模型店購買。

模具用

水性蠟
呈液狀，主要成分是蠟，因此能在模具與水泥間形成薄膜，容易脫模。以穩熱板作為灌模用的模具時，很適合使用。

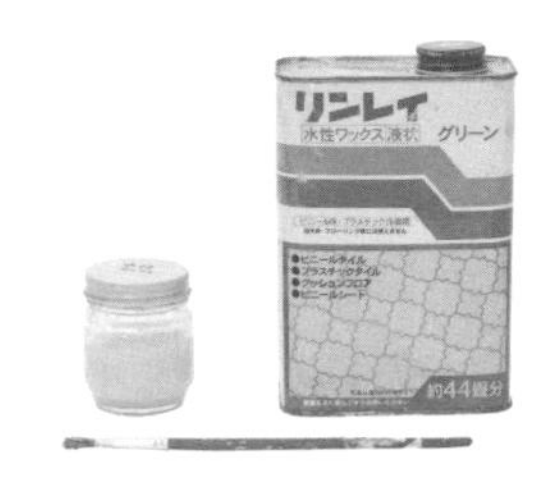

選擇黏膠的重要概念

黏膠是很容易取得的材料，但是到了要使用時，總是很難決定適合的黏膠種類。務必選擇黏合材質適用的黏膠，一般而言，包裝上都會寫著【○○用】，標示該黏膠適用的材質。如果搞錯了，不僅可能完全黏不住，甚至會導致材料融化，請務必小心。

製作水泥雜貨經常使用穩熱板作為基底材料，黏合穩熱板的黏膠必須選擇不含有機溶劑（用來溶解不溶於水的油或蠟、樹脂、橡膠、塗料等的有機化合物）的產品，選購時，請務必選擇包裝上寫著「保麗龍專用」的黏膠商品。

誤用添加有機溶劑的黏膠，穩熱板因此融化。

〔使用黏膠的注意要點〕

★黏著面必須清理乾淨 如果預定黏合的表面有髒污，就無法完好黏合。請將水氣、油分及髒污擦拭乾淨，再塗抹黏膠。

★使用方式 並不會因為塗得比較多，就黏得比較穩。尤其是快乾膠，如果塗太多反而會不容易固定，請多留意。請少量塗抹黏膠後，將材料壓合，也務必參考包裝上標示的黏膠硬化時間。

要黏合穩熱板時，務必使用保麗龍專用黏膠。可先以拌匙沾取黏膠，均勻塗抹在預定黏合的兩個平面上，靜置2至3分鐘使黏膠略乾後，再進行貼合。

主要黏膠種類

名稱	可黏著物品
合成橡膠黏膠	塑膠、木材、橡膠 穩熱板等
乙酸乙烯酯系黏膠	各種塑膠、金屬等
環氧樹脂黏膠	木材、發泡膠等
壓克力專用黏膠	壓克力樹脂
快乾膠	塑膠、木材、金屬等

※除此之外還有很多種類，請遵循產品的說明書使用。

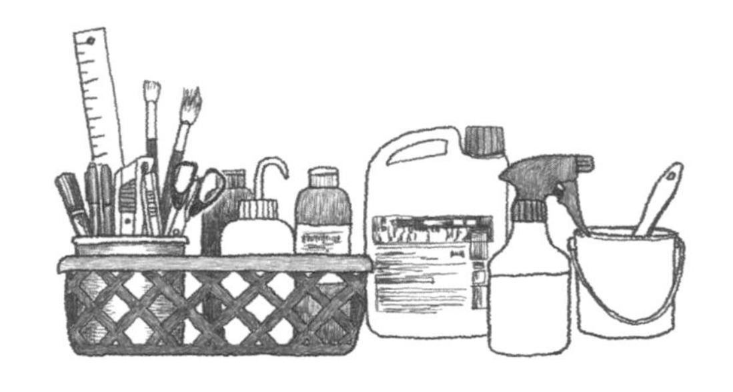

金屬製的網狀物

單純以水泥製作擺飾時，為了提高強度及持久性，必須使用金屬製的網狀物強化結構的穩定度。請配合用途及尺寸選擇適合的產品。

金屬網架 金屬製的網架。
尺寸種類繁多。

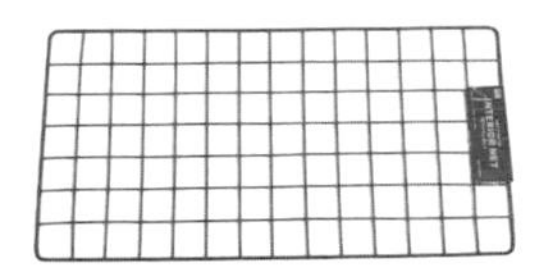

焊接鐵絲網

一般應用於土木建築工程，作為結構體的骨架，可防止混凝土龜裂，增加建物強度。

鐵絲直徑5㎜×寬100㎜×長200㎜

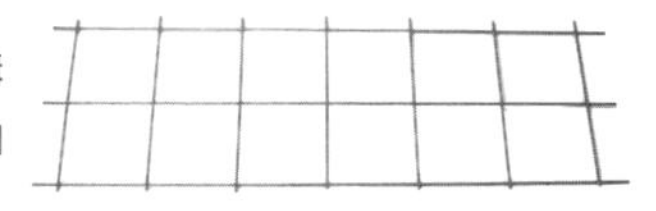

金屬菱形擴張網

菱格狀的金屬網，容易附著水泥，可防止水泥剝落。

寬610㎜×長1820㎜

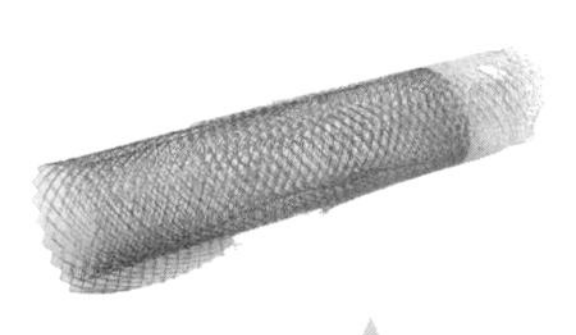

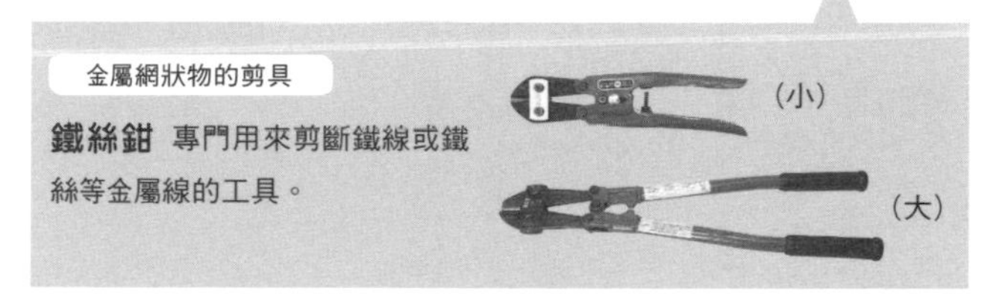

金屬網狀物的剪具

鐵絲鉗 專門用來剪斷鐵線或鐵絲等金屬線的工具。

（小）

（大）

打掃工具

作業中如果能一邊將散亂的碎屑整理乾淨，通常也會比較有工作效率。這些常用的清潔工具一定要準備！

小掃把

其他

旋轉臺

裝飾蛋糕時常用的工具，製作水泥雜貨時也可使用，讓製作過程更輕鬆。

手提式吸塵器

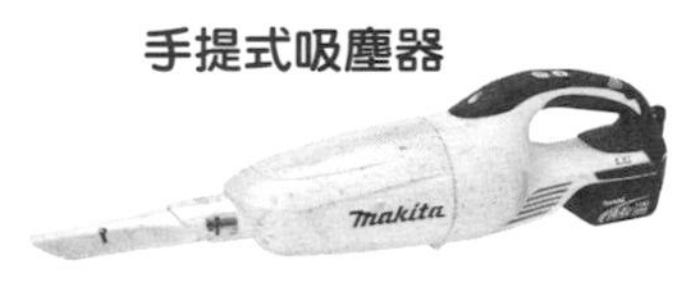

吹塵空氣球

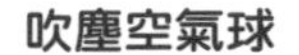

這種時候怎麼辦？

「我的作品有狀況！」常見問題Q&A

雖然想試著自己作水泥雜貨，但還是有許多不懂的地方，心中滿是疑問，對吧？
不必擔心，先瞭解一些常見的問題，一起來提升知識力！

Q1 水泥雜貨的使用年限大概多久？

A 水泥雜貨屬於「半永久性」的物品。經常用來作基底的穩熱板是常見的建材，具有極高的防水性，即使淋到水也不會腐爛，是一種相當耐用的材料。

如果作品受到外力影響，例如在某一個部位勉強負重，或遭受強力撞擊，作品可能會因此受損、破裂。如果因為傾倒而產生裂痕，作品就要重新塗抹水泥，如果作品缺了一角，也請以水泥重新塑造外型，恢復美麗的模樣。

Q2 作品大概能承受多少重量呢？

A 作品的荷重力依據製作的成品構造而異。如果使用厚度較厚的穩熱板製成作品，即使是人坐上去也沒問題。如果只使用水泥創作，必須在水泥中埋入金屬網架或鐵網等，強化作品結構，增加其持久性。

Q3 水泥一次的用量大概是多少呢？

A 水泥的用量基本上根據作品大小而異，不過大致而言，最好都先混合好兩杯（一杯＝三百公克）左右，如果不夠再慢慢添加，這樣就不會剩下太多的材料。如果預先調好所有用量放在一旁，水泥很容易就會凝固，因此建議每次攪拌的用量不必太多，甚至可以感覺「好像有點少」，然後將每次調合的材料用完。

Q4 作業時一定要戴口罩和塑膠手套嗎？

A 是的，請務必戴好口罩和塑膠手套。水泥雜貨的材料中包含水泥、砂粒，專用水泥的粒子非常細小，為了不要吸入飛舞的粉塵，請務必戴上口罩。

水泥是強鹼性，也不可以直接徒手接觸。如果徒手接觸水泥，皮膚較脆弱的人很容易感覺到雙手變得粗糙。因此塗抹水泥時，請務必戴上塑膠手套，保護雙手。

使用在金屬上的金屬用底漆塗料Mityakuron，有一種非常獨特的臭味，使用時請務必保持環境徹底通風，最好在室外進行塗抹作業。

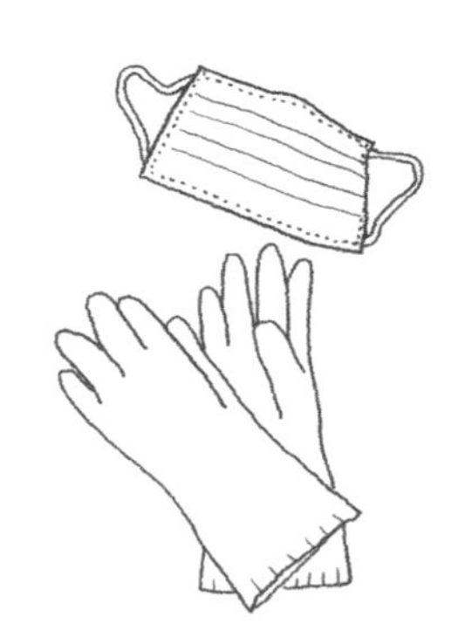

Q5 水泥可以先塗一部分，之後再繼續塗嗎？

A 如果是製作時間要花好幾天的作品，請一口氣先完成一面（一個零件）。如果一個平面塗到一半，還沒完成就中斷，先塗好的部分和後塗的部分，可能會因為乾燥不勻而使得表面粗糙不美觀。

Q6 水泥乾燥的過程中要注意哪些事情？

A 水泥乾燥的過程中請務必放在不會淋到雨的地方。水泥中的水氣還沒完全蒸散之前，尚未凝固，萬一這時候淋到雨，可能會因此被水沖掉。如果製作的是比較大的作品、零件，建議使用防水帆布之類的物品覆蓋，避免在乾燥過程中淋到雨。

Q7 尚未使用的砂漿材料，應該如何保存比較好？

A

濕氣是砂漿材料的大敵！如果存放在濕氣過重的地方，袋子裡的水泥粒子會和空氣中的水分發生水合反應而凝固。即使重新溶開它，強度也會下降。因此開封後的砂漿材料，建議盡快使用完畢。

如果要保存，請務必將袋中的空氣擠出，再以封箱膠帶確實密封袋口，放在通風良好的地方，避免陽光直射，也要避免淋到雨，存放場所的濕度一定要低。

Q8 塗抹水泥有特殊訣竅嗎？

A

塗抹水泥的時候，請盡量下壓水泥抹刀，讓空氣跑出來。如果水泥中殘留空氣，乾燥後極可能剝落。

如果希望表現出天然原石的凹凸感，或者想呈現木頭的表面質感，水泥的厚、薄可隨機變化，製作出自然質感。也可試著改變油畫抹刀或水泥抹刀的方向，讓表面紋路產生一些變化，作出別具特色的作品。

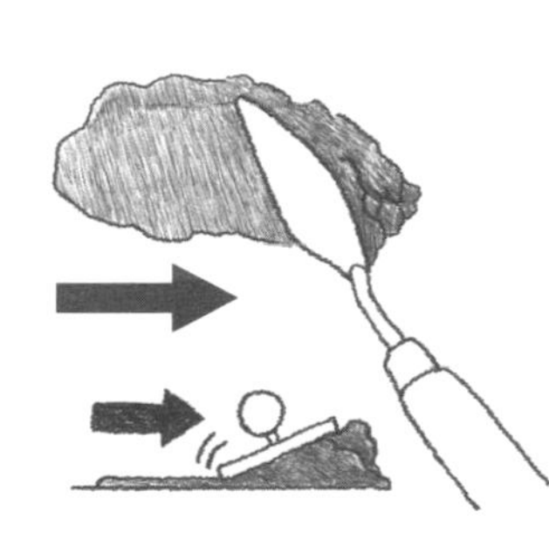

油畫抹刀或水泥抹刀的刀刃，在塗抹的時候稍微向上，可幫助水泥塗得較為美觀。

Q9 雕刻時，如果削下太多水泥，該怎麼辦？

A

如果雕塑時去除太多的水泥，補塗即可。補塗水泥時，請在水泥中多加一些水泥強化接著劑，再塗抹於缺角處，然後以吹風機吹乾。可先作好其他部分，最後再來處理缺角。如果在作品完成後才發生缺角或裂開，一樣也是補塗水泥，在水泥中加入較多的水泥強化接著劑，塗抹完成後重新上色就會恢復原狀。

Q10 如果想重新上色，有特別的方法嗎？

A

上色時，要先以水稀釋顏料，再慢慢地、一層層地塗抹上去。以這種方式上色，中途如果要修改顏色會比較容易，作品色澤也會具有層次感，風格獨具。

如果無論如何都想更換全新的顏色，那就將已經塗好的部分塗上白色顏料，蓋過底層顏色之後，待其乾燥後再重新上色。如果一開始使用的是黑色等很深的顏色，就算重塗白色顏料也蓋不過去，最好就不要這麼做。

最推薦的顏色是土黃色、氧化紅、暗琥珀色（參見P．22）三個顏色。將這三色混合或稀釋，能夠襯托出綠色植物及花草的天然美，創作出色調與花園協調的作品。

「油漆稀釋劑」請務必以紙張或布料吸取後進行處理。

塗抹水泥的油畫抹刀使用完畢後，請盡量將水泥擦掉後再清洗。

A Q11 材料及工具使用後，該如何整理、收拾？

【沾附水泥的工具】

使用完畢後，盡快以廚房紙巾擦拭乾淨，如果等到水泥硬化就無法輕易將水泥擦掉了。如果抹刀沒有整理乾淨，刀面有硬化的水泥，下次使用時就會在水泥面上留下痕跡。如果水泥沾在把手上，以後也會變得很不好拿。

【毛刷類】

用來塗水泥強化接著劑、保護漆或底漆塗料的刷具，使用完畢後請盡快水洗乾淨，然後風乾。

金屬用底漆塗料Mityakuron無法以水洗淨，請以報紙吸附刷具上多餘的液體之後，再以「油漆稀釋劑」清洗，然後風乾。

使用過的油漆稀釋劑請勿直接沖到下水道，以免污染環境。請使用可丟棄的零碎布料或報紙吸附稀釋劑，等它揮發乾燥後，再依普通垃圾的處理方式丟棄。

【穩熱板】

碎片或碎屑請依照垃圾分類準則處理、丟棄。

【水泥】

剩下的水泥不可以往排水孔沖，因為如果水泥凝固，在下水道中會造成阻塞。如果有剩下的水泥，可倒進牛奶盒裡，待其凝固後拿來當成磚頭使用。

如果用不完，請整理成一團，凝固後再埋進花園裡。

除了以上介紹的項目之外，如果要丟棄與水泥雜貨相關的材料或垃圾等，請詳細閱讀材料的使用說明書，並依照垃圾處理的規定分類丟棄。

A Q12 作品需要特別保養嗎？

基本上作品不需要特別保養。水泥雜貨幾乎都是直接放在戶外，如果作品上沾附泥巴或灰塵，直接擦掉就可以了。

如果製作時沒上保護漆，作品很快就會褪色。如果作品褪色，可重新以壓克力顏料上色，再塗抹保護漆固色。

A Q13 如果不太會畫畫，也能DIY水泥雜貨嗎？

美麗的作品不一定需要繪製圖案或花樣，所以就算不太會畫畫，也請安心創作吧！

水泥雜貨除了自行繪製紋路，也可試著利用家裡的日用品、廚房用品或既有的雜貨等作出花紋。情人節、復活節、聖誕節常常有很多的特色商品，季節性的活動看板也很適合用來製作特殊圖樣，只要取材得當，不必自己畫也能創造美好的作品，美化花園氛圍。

百元商店是水泥雜貨的材料寶庫！

上圖是現成的聖誕節看板，在百元商店經常可見。看板的圖案部分是凸起的，而且根據不同季節會有不同的圖案，只要翻過來，把水泥填在裡面，等水泥乾燥就可脫模，作出美麗圖樣。

「橡果小燈」（參見P.49）就是使用百元商店買到的小金屬籃和玻璃瓶。

動手作夢想即成真

只要有構想，幾乎都能藉由水泥雜貨的創作技巧作出想作的物品。
活用各種不同的技巧，將自己的構思化為實體，
試著打造出獨創的花園裝飾物吧！

point 1

決定要製作的主題

有時候憑空想像並無法馬上想出好點子，靈感缺乏的時候，不要勉強自己繼續空想，試著去看看電視或雜誌上介紹的美麗花園，或親自拜訪開放式的庭園，參考別人的構思與創作，接著再決定自己的花園主題，如此一來想法會比較清晰，也比較容易找到創作的靈感。

以「愛麗絲夢遊仙境」為主題。

point 2

描繪構思的圖案

創作之前必須先打草稿，將構思描繪出來，進行草稿設計。也許有人會覺得描繪圖案是件很困難的事，但是，仔細觀察一下周遭的物品，你會發現，很多物品幾乎都是出方形、三角及圓形組合而成。繪圖其實並沒有想像中的困難，可試著描繪日用品或廚房用品的形狀，再依構思完成草稿。

網路上有很多可免費使用的繪圖材料或照片素材，請確認使用規則後加以活用。一開始動作DIY時，可參考本書中介紹的圖案進行設計，開啟美好的水泥雜貨創作之旅。

point 3

將圖案立體化

要將平面圖立體化，最簡單的方法是將草稿畫在方格紙上。以下以科茨沃爾德風大花盆作為範例，介紹立體草稿圖的繪製步驟。

Step 1

畫好大花盆的側面圖。畫的時候以細格線作為參考線，就能畫得很漂亮。繪出正中間的直線之後，就能輕鬆地畫出左右對稱的圖。

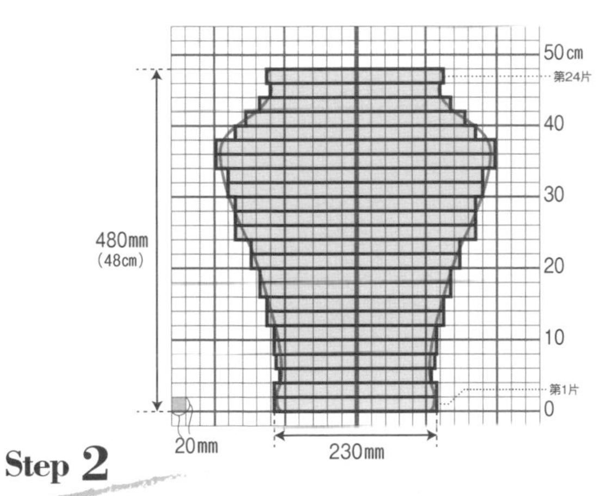

Step 2

❶ 決定實際高度後，計算圓圈的輪圈寬度，並配合穩熱板厚度計算所需片數（這次是花盆高48cm，使用厚2cm的穩熱板。因此能算出48÷2=24，表示需要24片）。

❷ 橫線拉出24等分，以方格紙的格子計算各層寬度需要幾公分。比如第一層橫長為230mm，因此可知直徑為23cm。其餘的23層也一樣，依序計算能得知各層穩熱板所需的直徑（詳細尺寸請參見P.68）。

附錄1 大受歡迎的花園小物

水泥造型燈具製作方法

本單元介紹的燈具，不必拘泥特定形狀，只要活用身邊的物件，
應用Part1至Part4的技術，添加一些小技巧就能作出好作品！

使用
乾燥花材

骨董風格蓮蓬燈

**乾燥蓮蓬很適合展現出古董的氛圍。
活用蓮蓬的顏色與形狀作為燈罩，
優雅的新藝術風格燈具就此產生。**

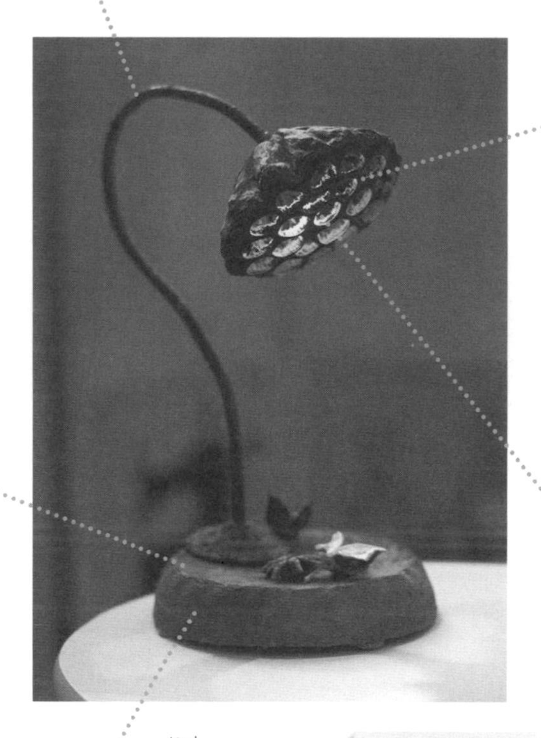

1 以蓮蓬作為燈罩

蓮蓬的直徑約10cm，美麗的形狀很適合作為燈罩。在蜂巢狀的蓮蓬內部嵌入燈泡，輕易便能作出帶有夢幻光影的燈具。

2 使用暖色系的LED小燈泡，散發溫暖光芒

蓮蓬孔中有一層薄膜，請以剪刀將薄膜全部穿破。蓮蓬連接莖枝的部分以較細的電鑽打個洞，讓**LED小燈泡**的電線能夠穿過。由於是使用可燃性材質製作照明器材，所以一定要使用不容易發熱的LED燈泡。鎢絲燈泡會有引發火災的危險，絕對不可使用！

在蓮蓬連接莖部的部位開洞時，請先以剉刀或前端為螺絲狀的小型鑽子將孔洞鑿得大一些，確認鋁管可以穿入孔洞。

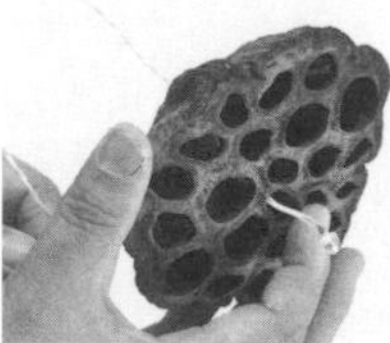

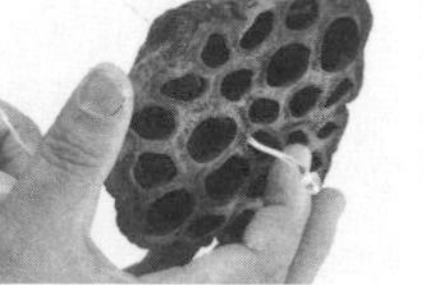

從蜂巢狀的孔洞放入LED小燈泡及電線，穿往莖部的方向。

3 以鋁管打造優美的燈臂曲線

使用直徑6mm、長47cm的圓形鋁管，打造曲線優美的燈臂。彎折時為了避免鋁管凹陷，請先裝沙子進去，彎折完成後再將沙子倒出。小燈泡電線（約60cm）要從鋁管中穿出，連接到蓮蓬中的電線。

鋁管中裝入沙子時，建議使用紙漏斗會比較方便。為了不使沙子漏出，建議以養生膠帶封住鋁管兩端。

↓

慢慢施加力道，就能緩緩彎折出美麗的曲線。彎成喜歡的樣子後，再取下養生膠帶，倒出沙子。

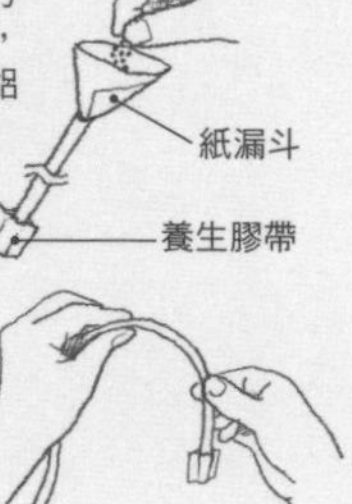

4 花盆水盤變成燈座，裝上鋁管燈臂

直徑12cm的素陶花盆水盤底部以電鑽打出直徑約1cm的孔洞。將**中空螺牙**（參見P.51）插入，以**六角螺帽**鎖住內、外側。燈座正面放上**法蘭蓋底座**（參見P.51），將圓形鋁管穿過螺牙和燈座上的孔洞，將突出於燈座內側的鋁管以尖嘴鉗剪開，貼著燈座內壁的螺牙彎折、固定。

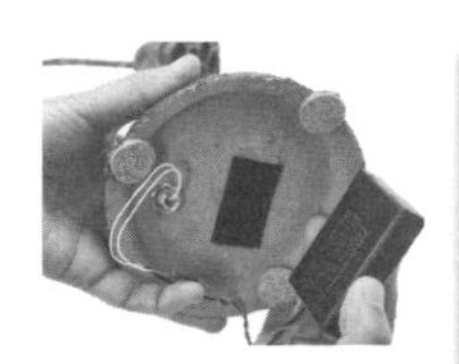

以魔鬼氈將電池盒固定在燈座內側。如果作為燈座的水盤邊緣有花紋而凹凸不平，也可貼上軟木片，讓燈具可穩定擺放。

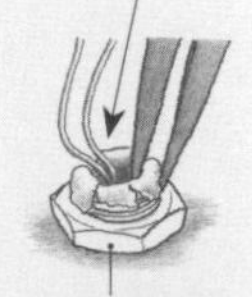

將穿好鋁管的水盆翻過來。

5 在燈臂及燈座上塗抹水泥

將鋁管塗上Mityakuron，燈座則塗上水泥強化接著劑作為底漆，待乾燥後再塗抹薄薄的一層水泥，水泥乾燥後塗上暗琥珀色。將電線固定好，連接四號電池四顆的電池盒即完成！

以太陽能燈進行創作

精靈燈

**垂掛著吊燈墜飾，
在燈座上點綴著人造植物，
打造一盞精靈森林裡的燈！
這盞燈彷彿在綠色的風中搖擺著，
或許它就是你花園裡的主角。**

玻璃纖維網

工藝用金屬線（直徑1mm）

金屬菱形擴張網

參見P.49「橡果小燈」

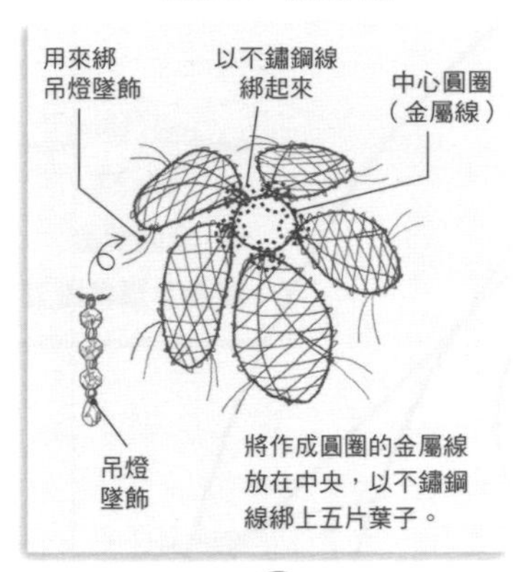

1 使用金屬線製作葉片燈罩

以**金屬線**（直徑1mm）製作葉片輪廓，內側再穿上**金屬菱形擴張網**，然後貼上玻璃纖維網，共作五片。再以金屬線作個圓圈（直徑約5cm）當成中心，將葉片以不鏽鋼線綁在圓圈上。為了綁上吊燈墜飾，先將**不鏽鋼線**（約5cm）綁在葉片上，每片葉子綁兩處，並在葉片兩面塗上水泥後上色。

2 以小金屬籃作為燈罩基底

小金屬籃是在百元商店購得的吊掛型金屬籃（P.86）。由燈罩內側以不鏽鋼線將金屬籃與中央的金屬線圓圈綁好、固定。葉片與葉片之間的五個連接處也要以綁線固定，完成後只要蓋在太陽能燈上即可。

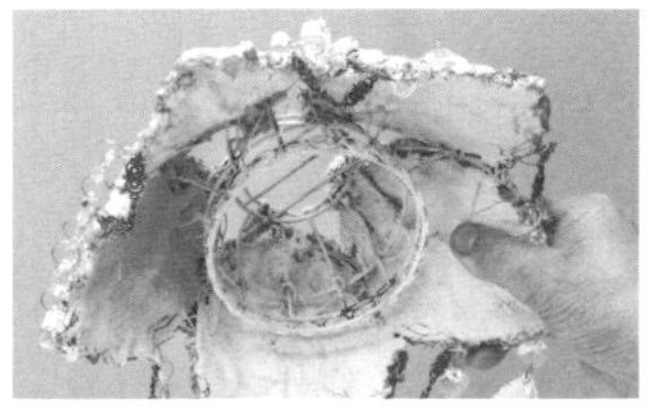

好像一頂帽子。

3 將吊燈墜飾裝到燈罩上

葉片上已預先綁上安裝墜飾的不鏽鋼線，將玻璃製的**吊燈墜飾**固定上去吧！墜飾可長可短，長短交錯會更加美麗。

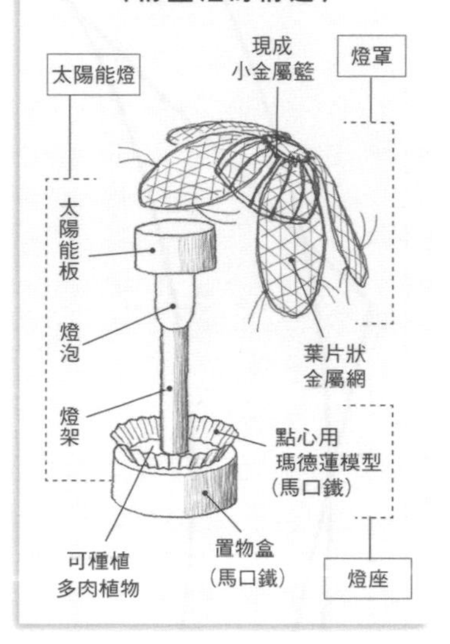

4 活用太陽能燈的高度

太陽能燈的燈架（扣除太陽能板的部分）先塗好Mityakuron，再以水性壓克力顏料上色。配合太陽能燈燈架的大小（約直徑2cm），以電鑽在底座（**置物盒翻過來＋甜點模型**）上開洞，然後以尖嘴鉗將洞挖開。這個孔洞要用來插入太陽能燈。

5 人造植物＋多肉植物

以黏膠將**人造植物**黏貼在作為燈座的置物盒上。接著將甜點模型及馬口鐵製的置物盒塗上Mityakuron作為底漆，再塗上水泥、上色。水泥乾燥後，在甜點模型裡植入**多肉植物**，作品就完成了。

實用的太陽能燈

太陽能燈在白天利用太陽能板為電池充電，到了晚上就會自動亮起LED燈。這種燈具可在百元商店找找看。這種園藝商品經常被安插在花壇中，燈泡和燈架可以拆解，因此可發想各種點子來改造它。

活用這些圖案開心創作

本頁的裝飾圖樣對於初學者而言，相當好用！
製作撲克牌擺飾（P.16）時，可直接放大紙型，
製作踏腳石（P.30）、圖騰掛飾（P.34）等作品也可應用！

P.16
撲克牌擺飾
圖樣&紙型

放大460%
即為擺飾原寸

A B C D E F G

H I J K L M N

O P Q R S T U

V W X Y Z

P.30
字母
草寫文字

可依作品尺寸放大使用，
或作為參考圖案，
在各種作品中活用。

後記

當我一開始發現知名主題公園裡，那些城堡和磚瓦小屋，其實都是以水泥加工製成的時候，驚訝之餘，同時也想著：「好希望自己也能作出來⋯⋯」後來因緣際會，我進入了園藝造景公司工作，見識了如何以水泥創作各種造型雜貨。一開始技術不純熟，還無法隨心所欲地作出想要的東西，但我至今仍無法忘記，第一次將心中的構想實踐出來時的那一份喜悅。

「水泥雜貨」一般也稱為「水泥造型物」，但我希望強調作品多元的創意和裝飾性，期待那些想自己打造美麗花園的人們能夠瞭解水泥的魅力，於是以「水泥雜貨」來統稱這些作品。希望拿起本書的讀者們，都能善用「水泥雜貨」的創作技巧，作出充滿個性的作品，在自家的花園裡度過快樂時光。

最後，我要感謝令人信賴的編輯、工作人員和學生們，因為有這麼多人幫助我，我才能順利出版這本書。我看著他們，那模樣就像是喜歡手作的小精靈們，我打從心底感謝支持我的各位。

原嶋早苗

國家圖書館出版品預行編目（CIP）資料

初學者OK!綠意花園水泥雜貨設計書／原嶋早苗著；黃詩婷譯. －二版. －新北市：良品文化館出版：雅書堂文化事業有限公司發行, 2022.04
面；　公分. －（手作良品；79）
ISBN 978-986-7627-45-2（平裝）

1.CST: 庭園設計 2.CST: 造園設計

435.72　　111002763

手作良品 79

初學者OK！
綠意花園水泥雜貨設計書

作　　者／原嶋早苗
譯　　者／黃詩婷
發 行 人／詹慶和
選 書 人／蔡麗玲
執行編輯／李宛真・蔡毓玲
特約編輯／黃建勳
編　　輯／劉蕙寧・黃璟安・陳姿伶
執行美編／陳麗娜・周盈汝
美術編輯／韓欣恬
出 版 者／良品文化館
戶　　名／雅書堂文化事業有限公司
郵政劃撥帳號／18225950
地　　址／220新北市板橋區板新路206號3樓
電子信箱／elegant.books@msa.hinet.net
電　　話／（02）8952-4078
傳　　真／（02）8952-4084

2022年4月二版一刷 定價 450元

經銷／易可數位行銷股份有限公司
地址／新北市新店區寶橋路235巷6弄3號5樓
電話／（02）8911-0825
傳真／（02）8911-0801

STAFF

日文版
編　輯　マートル舎　秋元けい子・木村みゆき・篠藤ゆり
攝　影　竹田正道
插　畫　梶村ともみ
美術設計　高橋美保

總編輯　河村ゆかり
校　稿　河野久美子　安藤尚子
流　程　福島啓子

製作協力　中村アリサ、鵜澤悦子、天沼由起子、色川裕美子
田村ゆかり、吉田美穂、ギルトバンク
攝影協力　ひなこ、飯嶌邦子、平林あゆみ、遠藤和子、荻原未央
中山朋子、長田寿美子、舘石希
作品協力　石川さや、小林真紀、吉村理恵、冨田典子
白石直子、塚松桂子、前嶋尚子、若松則子
日本多肉クラフト協会

完全圖解！
打造夢想花園